海南民间工艺美术传承与创新丛书

海南民间建筑与陈设

HAINAN
MINJIAN JIANZHU
YU CHENSHE

许劲艺 等 编著

U0255339

湖南大学出版社

·长沙·

内 容 简 介

本书共七章，包括海南民间建筑与陈设概述，海南汉族民居，海南黎、苗、回族民居，海南民俗文化建筑，海南民间建筑的陈设艺术，海南黄花梨家具的陈设意义和海南民间建筑的传承与创新。本书较为系统、全面地介绍了海南民间建筑与陈设的格局、特色，资料丰富，图文并茂，使读者能以其为契入点，深入了解海南传统文化与民俗。

本书可作为高等职业院校艺术设计专业学生的教材，也可供对海南民间建筑与陈设感兴趣的专业人士和业余爱好者使用。

图书在版编目（CIP）数据

海南民间建筑与陈设 / 许劝艺等编著. — 长沙：湖南大学出版社，2022.9
（海南民间工艺美术传承与创新丛书）
ISBN 978-7-5667-2638-4

Ⅰ.①海… Ⅱ.①许… Ⅲ.①民居—建筑艺术—研究—海南 ②民居—室内布置—设计—研究—海南 Ⅳ.①TU241.5 ②J525.1

中国版本图书馆CIP 数据核字（2022）第157539号

海南民间建筑与陈设
HAINAN MINJIAN JIANZHU YU CHENSHE

编　著：许劝艺　等	
责任编辑：汪斯为　尹鹏凯	
印　装：湖南雅嘉彩色印刷有限公司	
开　本：787 mm×1092 mm　1/16	印　张：11　　字　数：216千字
版　次：2022年9月第1版	印　次：2022年9月第1次印刷
书　号：ISBN 978-7-5667-2638-4	
定　价：48.00元	

出 版 人：李文邦
出版发行：湖南大学出版社
社　　址：湖南·长沙·岳麓山　　　　邮　编：410082
电　　话：0731-88822559（营销部）　888649149（编辑部）　88821006（出版部）
传　　真：0731-88822264（总编室）
网　　址：http://www.hnupress.com

海南民间工艺美术传承与创新丛书
编　委　会

指导单位

海南省文化艺术职业教学指导委员会

主持单位

海南经贸职业技术学院

支持单位

海南省国际文化交流中心   海南省民族学会

海南省博物馆   海南省旅游商品研究基地

海南省民族博物馆   德国埃森造型艺术学院（HBK Essen）

海南省非物质文化遗产保护中心   海南劭艺设计工程机构

海南省社会科学院地方与历史文化研究所   海南金鸽广告有限公司

海南省品牌农业联盟   海南厚德会展服务有限公司

海南省工艺美术学会   海南爱大海文化体育发展有限公司

海南省民俗学会   金景（海南）科技发展有限公司

本册主要编著人员

许劭艺   许宇峥   张　筠   徐　斌   许黛菲   曾维招

张丹丹   吴育强   邓小康   许达联   伍丽莉   张　悦

王德广   李凌越   拓　林   蔡家瑶   洪志强   莫　妮

海南有自己特色的文化

中国民间工艺美术是中华民族传统文化的视觉体现和活标本，既是传统文化的重要载体、中华文化得以传承的重要工具，也是中国造物文化的灵魂和根基。它体现出来的"道法自然""天人同构""圆融和谐"等哲学思想或造物观正是中华传统文化的精髓。随着社会生产力的发展和人民生活水平的不断提高，民间工艺美术也愈加注重精神层面的追求。在现代设计进步思想的影响下，广大艺术工作者意识到，工艺美术的设计与制作必须与时俱进，才能与迅速发展的社会整体文明相融合，才能更好地把博大精深的中华工艺文化发扬光大，才能更有效地把具有自己民族特色的传统工艺推向世界。

进入改革开放新时期，我国工艺美术事业以前所未有的速度得以恢复和发展。"十三五"时期，文化产业已成为国民经济的支柱性产业，海南文化创意产业的发展势必要充分发挥海南的生态环境优势、经济特区优势和自由贸易港优势。只有抓住"一带一路"倡议和建设国际消费中心城市等机遇，发挥海南自身优势，大胆探索创新，才能实现文化创意产业的中高端发展目标，进而带动海南民间工艺美术行业的快速发展。助力国家对外文化贸易基地和海南国际设计岛的建设，适应海南文创产业加快发展的步伐以及人民生活水平迅速提高的现状，进一步改善和优化海南生活环境、工作环境、旅游环境，提高海南人民文化品位和生活质量，便成为海南民间工艺美术传承与创新专业教育的时代使命。

基于"传承海南文化根脉，弘扬民间工匠精神；创新工艺美术价值，引领文创产业发展"的基本思路，由海南省文化艺术职业教学指导委员会指导，包含海南省相关院校在内的各文化事业单位及相关行业参与，海南经贸职业技术学院人文艺术学院牵头主持，通过对海南民间工艺美术文化价值和内涵的深度挖掘，并加以保护传承、创造性转化和创新性发展，编纂了"海南民间工艺美术传承与创新丛书"，努力构建"新时代艺术设计课程育训体系"。该项工作于 2017 年启动，计划 2023 年前完成出版。

这项工作源于"国家职业教育专业教学资源库之民族文化传承与创新子库"项目的建设，基于"海南有自己的民间（本土）文化，不是一块文化沙漠；海南民间文化，特别是海南民间工艺美术的传承与创新更应有教育担当"的观念。这也是我对 2007 年发起的"海南，有设计师！"全省签名活动的责任回应。海南民间工艺美术的传承与创新，应该涵盖学校教育、社会教育、家庭教育，我们应在生活、生产等领域共同构建民间工艺美术保护、传承与创新的全部内容，并注重对理论和实践的研究。

"海南民间工艺美术传承与创新丛书"项目建设的主要任务是：保护、传承海南民间工艺美术的基因、精神、价值观、技艺和形式；留住、培养海南民间工艺美术的保护者、传承人和创新者；归纳、提炼海南民间工艺美术传承与创新的理论和方法；培育和提升人们对海南民间工艺美术的审美能力，为唤起全社会的文化自觉，提供文化创意创新的土壤与条件。我们传承的是民间工艺美术文化元素内涵的因子，引用的是现代新式的制造材料与工艺，古韵今风，融古汇今，以更好地弘扬生生不息的民族工匠精神。

开展海南民间工艺美术传承与创新教育教学，离不开教师、教室、教程三要素。海南有数以百计的民间工艺美术传承人、数以千计的工艺美术师以及分布全省各地的"非遗"传习馆、培训班、民间工艺美术工坊和业余学校，但至今没有一套完整系统的民间工艺美术教程类丛书。在相关不成套系的图书中，海南文化元素被简单地、机械地重复、堆砌。为此，编写一套理念新、体系特、涵盖全、水准高的"传古不泥古，创新有传承"的民间工艺美术传承与创新丛书尤显迫切。这套丛书应集知识性、科学性、系统性、实用性于一体，具有客观、规范、科学等特点，具备载道、授业、解惑等功能，使学者法理有所本、技艺有所借、方圆有所据，加之通过教师的诠释，让所教授的内容传承有序、形态创新有循，令授业者专业有所精进。同时，我们也认识到这套丛书不同于一般的读物，也非资料的汇编。因此，编写这套丛书的社会责任大，编撰任务重，问题困难多。

其中，编写这套丛书的困难主要在于它不像现有的学校教育那样，既有东方传统模式可传承，又有西方系统样式可参照。所以，我们只能从门类科目的选定、体例框架的设计到编写及编审人员的遴选等现实出发，不流于形式，讲究实用实效。基于实际需要，特别是为了体现教程的代表性、系统性、教育性、文化性，我们将教程的内容范围界定为全海南省的民间工艺美术，不限于海南黎族、苗族民间工艺美术，也不限于海南汉族民间工艺美术。这一领域目前在理论与实践上可参考的资料十分有限，我们需要做广泛调查研究和综合分析，在丛书性质体系、结构体例上做出创新。

在性质体系上，这套丛书共有 19 册，其中通识教程类图书 2 册（《海南民间工艺美术概况》《南溟物语——南海工艺美术》）、专业方向教程类图书 3 册（《海南民间服饰与纺染织绣》《海南民间建筑与陈设》《海南民间剪刻与图画》）、专业技术教程类图书 9 册（《海南民间服饰工艺》《海南民间织锦工艺》《海南民间印染工艺》《海南民间银饰工艺》《海南民居建筑工艺》《海南民间雕刻（椰雕）工艺》《海南民间陶瓷工艺》《海南民间编扎工艺》《海南民间乐器（灼吧）制艺与演奏》）、个性化教程类图书 3 册（《海南旅游工艺品创意与制作》《海南民间工艺美术与现代设计》《海南城乡景观设计》）、拓展性教程类图书 2 册（《39 名海南民间手艺人的造物美学》《吉祥海南——海南民间工艺的美好意象》）。在结构体例上，这套丛书先叙述海南民间工艺美术的发展过程、种类特色、工艺特征等民俗文化的现象，再分析归纳其美学规律，从价值、工艺等方面阐释决定其传承取舍的元素，后探索其设计创新的方法，力求达到知识、技艺、审美、创新四部分的有机结合，从而使海南民间工艺美术的知识体系及内容得到补充、拓展、完善，增强其影响力与感召力。每册图书在行文风格上做到图文并茂、示说相依、释析共举、匠值同进，集形象、意蕴、情趣、创意于一体，以确保这套丛书的专业性、实用性和影响力。

这套丛书在我国民间工艺美术传承教育教学中，特别是在海南文化创意产业的发展史上将具有非凡意义。

第一，中国教育长期以公办官学为中心，而这套丛书主要是以社会教育与家庭教育为本，继承开放的民间工艺美术系统，不断面对新的情况，在现代设计观念与科学技术的影响下，获得现代化的持续演化空间。第二，中国民间工艺美术的教育在历史上具有口传心授的传统，有极强的隐秘性，而这套丛书致力于将相传千百年的有关知识、技艺、创意公开化，使学习者一卷在手，勤学苦练，即有可能身怀专技。第三，虽然从清代起就曾零星出现过个别民间工艺美术制作读本，但像这套丛书这样规模大、覆盖面广，集创新性、系统性、现代感于一体的，理论与实践相结合的地方性民间工艺美术教学范本，在国内少见。第四，丛书出版后，海南民间工艺美术传承将发生结构性的变化，海南民间文化遗产的保护、传承、转型、创新、开发也将迈入一个新的历史阶段。第五，人们将更好地掌握传承与创新的方法，更深入地探索传统工艺美术与现代设计融合的途径，并使之快速传播。第六，人们将找到一个有效承担阐释传统工艺美术的设计文化价值的转换途径，为正面临"价值观危机"的中国设计学科体系的建构提供积极的借鉴。

提倡传统、立足当下、关注未来，是现代设计的重要特征，也是设计教育的责任所在。我期待着：这套丛书的出版使海南民间文化濒临危机的趋势得到遏止，海南民间优秀文化遗产的教育传承变为可能，海南文化创意产业的发展获得坚实的根基。一方面，运用丛书内容中的工艺技法，使读者保持传统的造物理念和形式主题，使海南民间工艺美术得以更好地传承延续；另一方面，在传承的基础上对海南民间工艺美术的造物理念、时代审美、功能材料、工艺技术等方面进行创新与再生设计，使之与时代同步，将传统工艺美术成功地转型为当代的工艺产品，并与文化创意产业相结合，使之完成文化回归与经典重塑。

我也真诚地期待着：这套丛书的出版，让那些空前关注"岛技"与"岛艺"存亡，极力主张"海南有文化"的人士得到些许慰藉；让那些有志于以民间工艺美术为生命者更加奋进；让那些由于城市化而失去土地的农民，或由于就业危机而觅职艰难的农村青年，习得一技之长，在需要开拓乡村工艺品等的休闲旅游市场中增强生存能力，同时提升海南乡土文化创意产品品质，助力美好新海南的建设。

总之，丛书的出版将为创意设计领域找到更多具有海南特色的符号和语言，以及让海南文化走出去的方法和途径。相信在不长的时间内，将有数以万计的新手工艺者，或包括海南的农民、市民，从海南的东部、西部、南部、北部、中部一齐汇入民间工艺美术设计与制作这个行业。如此，民间文化传承与创新的队伍将势如雨后春笋，茁壮成长，成为创意设计产业中的重要力量。广大新民间工艺从业者将把海南民间工艺美术潜藏着的真的精神、凝聚着的善的意识和美的追求、传承着的求吉纳祥与消灾免难的意蕴，通过创新设计实现向和谐环境、完满伦理和美好祝愿的吉祥艺术文化价值转换。这必将推进海南文化创意产业的快速发展。为了中华民族的伟大复兴，为了让世界更加了解海南，海南应拥有自己特色的文化！

2020 年 6 月 16 日
于海口首丹·易道斋

许劭艺（赐名：党生）

海南省高层次拔尖人才、天津大学工学硕士、海南劭艺设计工程机构创始人，从事文化艺术、品牌管理、建筑景观等实践与教育工作近 40 年，且在理论与实践上成果丰硕。

现任：海南省文化艺术职业教学指导委员会主任委员、海南经贸职业技术学院人文艺术学院院长、教育部职业院校艺术设计类专业教学指导委员会环境艺术设计专门指导委员会副主任委员、全国包装职业教育教学指导委员会委员、海南省特色产业小镇与美丽乡村建设专家咨询委员会委员。

目 录
CONTENTS

第一章

海南民间建筑与陈设概述

海南岛自从有了人类，便有了居住的历史。虽然海南岛与祖国大陆有琼州海峡的天然阻隔，但从各地移民而来的岛民，带来了原居住地的风俗习惯和文化特性，加上对海南岛气候环境的逐渐适应，就会创造出独具特色的建筑个性。这种个性，是中华民族建筑史上的宝贵财富，是一种极富活力、极有地域特点、处处显露着中原文化之根脉的个性。海南民间建筑工艺与陈设艺术，处处都诉说着海南民间工艺美术历史的沧桑和它所承载的传统技艺与多彩理念。

第一节 ⋮ 海南民间建筑与陈设的沿袭与变革

一、海南民间建筑的发展沿革

（一）海南民间建筑演变

海南的传统建筑没有紫禁城那么优雅，没有苏州园林那么娇小美丽，但它对海南有着非同寻常的意义。这些建筑记录了海南的历史，见证了海南的发展。随着时代的发展和现代建筑的兴起，海南的历史建筑已经逐渐湮没在这些高楼大厦中，海南的许多年轻人已经忘记了海南的历史。要了解这段历史，我们可以去寻找那些被遗忘的建筑，让这些建筑给予我们一些启示（图1-1）。

1. 史前时期

一万年以前的海南岛土著人群没有固定栖居点，游走生活，以采摘野果和狩猎为生。目前发现年代最早的是三亚落笔峰下落笔洞人，三亚落笔洞遗址地处山地圈边缘，此外还有乐东仙人洞、东方霸王岭、昌江皇帝洞等先民遗址。这些洞穴基本上是自然形成的山洞，处在相对平缓、临水较近的山地圈边缘。由于洞穴不利于先民生息繁衍，因此他们对栖息居所产生了更多新的需求，勇敢的先民带着新的求生欲望，找寻新的栖居地。大约到新石器时代中期，来自华南的古百越族，如"蛮""西瓯""骆越"等族群组成了现今黎族的部分先民。他们最开始在海边停留生活，由于汉人、苗人占据平原和滨海地区，黎族先民只能临水而居，先后沿着昌化江、万泉河溯流而上。由于树木绑扎技术的改进，居住建筑开始具备防潮、防风、防倾覆的功能，"干栏屋"在海南岛地域出现。

黎族居住方式与人类最初居住方式类似，史前时期海南岛是以黎族为主的原始

图 1-1　琼郡舆地全图

建筑文化，原始先民的居住建筑形式为穴居，在靠近水源的山洞或是内部自然形成水源的山洞居住，以采食野果、狩猎为生，建筑无意识掩盖洞口，这个时期处于一个较为原始的状态。历经新石器中期到建立郡县约一千年的漫长演变，黎族先民由母系氏族公社向父系公社转变。后由于水源问题，栖居需求发生变化。至汉之前已有一部分居民已经离开山洞，就近取材，利用一些简易工具，有意识搭盖、建立起"巢居"，结合地形、绑扎方式逐渐发展到"干栏式"原生原真建筑形式。从此，海南岛传统建筑的文化步入新的时期。

2. 秦汉至隋时期

秦始皇统一岭南设南海郡时，汉人开始进入南海，舟楫通海，交流互通，逐渐往海南移民迁徙。至汉武帝统治时期元封元年（公元前110年），中央集权在海南建制，设置儋耳、珠崖二郡和十六县，海上丝绸之路"徐闻合浦南海道"航线和"环岛列郡县"格局形成。最初迁入的汉人是官船和军船运送的官兵，他们主要集中在滨海及江河口，这里环境较好且易于耕种。这个阶段汉族迁居海南岛，开始对黎族先民生产生活产生影响，黎族聚居地由原先的海南岛北部、西北部向南部、西南部退缩，形成海南最早族群人口的分布格局，即黎族在南，汉族在北，并开始出现黎族由沿海平原向内地山区迁移的趋势。

汉至隋初，受汉族文化的熏染，海南建筑多为院落式布局，屋顶建筑为坡屋顶

形式，装饰较为简单。

3. 隋唐至宋元时期

隋代在海南岛复置郡县，唐代则重视和完善了环岛建置。岛东北及东南、西北、西南、南部的建置相继设立，开拓前朝未涉及区域，全面打开环岛地带。隋唐是海南古代建筑发展重要的转折时期，一方面，大批贬官到海南的同时也带来了中原地区的先进文化，另一方面，由于生产力的大幅提高、航海技术的大发展，使得海南岛加强了与外界的联系。隋唐时期"汉在北，黎在南"的分布格局逐步分化，黎族聚居区域由于防御耕作的需要开始向山地退缩，空间格局转变为"汉在外，黎在内"。此时黎族居住建筑依然以"干栏"为主，与汉族建筑形态有所不同。黎族建筑文化不断地受到汉文化的影响而不断汉化。一些黎族建筑正积极融入汉族建筑风格，黎族人民也在积极接受汉文化，由民族传统的船形屋居住方式而改用汉族匠作技术土木砖瓦结构的建筑；另一部分则始终坚持传统茅草船形屋，将黎族特色延续至今。而沿海地带的崖州以中原建筑文化为主，为典型的汉族建筑。

海南岛虽偏于一隅，但唐代宗教和儒学繁盛的影响深远，唐朝时，崖州、儋州、琼州、万安州等各州县所在地都开始出现礼制建筑和宗教建筑；宋代战乱，在移民群体中文人和商人相对较多，且移民规模较大。由于宋代从福建迁入的移民较多，因此海南到处出现闽人崇拜的妈祖的祭祀宗庙，如妈祖庙等。海南的传统民居建筑很好地反映了海南的移民文化，福

建、广东、浙江以及中原等地的民居形式在海南都可以找到，同时为适应海南的自然气候，这些民居形式也都作出了相应的调整。

4. 明清时期

在明朝时期客家人开始迁入海南岛，在清代成为移民主体。客家人主要生活在岛内的西部地区，那里荒地较多，因此出现了客家围屋；到了清代，海南岛传统建筑单体以庭院式布局、三开间为主体，庭院式布局注重空间私密性，围墙围合，结合庭院布局，围屋的两侧或单侧为厢房，也称横屋，主要作为辅助用房。

明清两朝，海南开始了更大规模的开发建设，海南传统建筑的发展逐步进入了成熟时期。此时海南的官式建筑和宗教建筑得到了很好的发展。官署、学宫、佛殿等建筑据统一的规制建设，而体现出海南地域建筑特色的更多的是民居建筑。大量漂洋过海而来的移民，把将原居住地文化的建筑风格也带到了海南。

5. 近现代

1840年至今是海南岛发展风云多变的时代。一部分以传统船形屋为代表的居住方式一直以来受到汉文化的影响，逐渐采用汉族土木结构的建筑，与汉族建筑的特点相互融合；另一部分一直坚守民族原始原生的特色，保持茅草船形屋居住建筑形式，延续至今。

在近代，随着东南亚与岛内文化交流的影响，岛内开始出现了具有东南亚风格的南洋骑楼建筑。南洋骑楼建筑是在漫长的历史发展进程中积累起来的文化精髓，

它秉承传统，蕴含着中国建筑艺术文化、南洋文化、儒教文化、佛教文化、海洋文化等诸多文化内涵，注重几何图形与植物图形组合变化，外部形态和细部装饰统一，建筑空间都植入了地域要素和宗教元素。此外，西方现代主义设计方法也将原居地文化带到海南，融入海南近代建筑。

（二）海南民间建筑类型

1. 民居

（1）汉族

因地制宜、五材并举是海南民居营建的主要特点。海南汉族建筑除承袭传统的中原三开间建筑造型和布局外，同时受海南自然条件的影响，经过长期的实践，形成了独特的风格。汉族居住地区现存较典型的民居形式有：疍家渔排、崖州合院、火山石民居、多进合院、南洋风格民居与骑楼、儋州客家围屋、军屯民居。民居建筑代表主要有文昌十八行村古建筑群（图1-2）、文昌松树大屋、琼海蔡家宅、海口侯家大院等。

（2）少数民族民居

海南黎族等少数民族的民居建筑以船形屋、金字屋为典型，如东方市白查村船形屋和东方市俄查村船形屋等（图1-3）。

2. 学宫、书院

海南的文化教育自唐代始有萌芽，宋代为大发展时期，至明清两朝迎来黄金时期。琼山、文昌、定安、万州、儋州、澄迈、临高、东方、乐东、崖州等州县都有很好的重学传统，兴办教育，建置学宫书院。学宫又称文庙，自汉代尊儒以来，历朝历代都有祭孔的活动，及至宋代，扩展

图 1-2　文昌十八行村古建筑群鸟瞰图

图 1-3　黎族船形屋

至全国州县，海南最早的崖城学宫（孔庙）即始建于北宋庆历四年（1044年）。根据现有的文物普查结果，海南现存的古建筑中，殿堂级的古建筑多为学宫一类。文昌、崖城、临高的学宫保存较完整，琼山、澄迈、东方、感恩的学宫还留有主体大成殿。海南的主要书院有：儋州东坡书院、海口琼台书院（图1-4）和文昌溪北书院等。

图 1-4　海口琼台书院

3.宗教建筑

海南地区宗教传入比较晚，从现存的文物及历史资料来看，一般认为，宗教从唐代始开始传入海南。佛教传入于唐代；道教，自北宋开始传入；伊斯兰教在宋元交替之际传入；基督教，则是在晚明时期传入海南。海南岛四面环海，自古受海潮、台风、地震的威胁较多，所以，与海神有关的庙宇也较多。宗教活动的活跃，也带来了宗教建筑的营建热潮。

（1）教堂

基督教在海南的传播较晚，晚明时开始有传教士到海南传教，在当地形成一定影响，但基督教是在1876年海口通关后才得到迅速发展的。位于儋州市那大镇东风路156号的那大基督教堂始建于清宣统元年（1909年），1914年竣工，是海南省建造早、规模大以及保存较好的一座基督教堂。

（2）清真寺

登上海南岛的回族先民，依然保留着他们的宗教信仰。明代时期他们在海南建清真寺，以便礼拜。明成化年间，人们修建了很多清真寺，但大多在"文革"时期被毁坏。清真寺建筑风格中西结合，采用中国传统的砖木瓦顶宫殿式建筑风格，正梁骨雕刻或绘有卧龙等物。很多建筑在装饰上运用了书法、绘画、雕塑等工艺。

伊斯兰教的清真寺建筑在传入我国后既保留了阿拉伯传统的风格，又汲取了我国传统建筑的布局形式和手法，形成了中西合璧、巧妙配置的鲜明特点，其中最具代表性的是三亚市羊栏镇回辉村的清真寺。

（3）佛寺

鉴真的日本弟子真人元开所著的《唐大和上东征传》中的大云寺是海南最早有记载的佛教建筑，也是佛教在海南传播的一个实例。海南大云寺也在一定程度上反映了唐代中央政府对海南的控制。鉴真重建了崖州开元寺的讲堂和砖塔，并修建了一尊释迦牟尼丈六佛像。据记载，宋代海南有15座寺庙，较唐时已经有了较大的发展；琼州在元代因高僧众多而闻名；明代海南佛教建筑发展尤为强劲，各地都建有寺庙。

如今海南岛上有两处寺院建筑稍有名气：一处位于海口市琼山区府城镇草牙巷41号，名为泰华庵（1757年始建）；另一处是位于屯昌县大同乡大塘村的福庆寺。两寺都是清乾隆年间的建筑，其中，福庆寺是海南唯一的一所藏传佛教寺庙（图1-5）。除此之外，1998年建成的三亚南山寺也知名。

（4）道观

道教是我国土生土长的宗教。道教的建筑最初称"庙"，后称"宫"，还人们习惯把道士修炼的地方称为"道观"。道教传入海南比佛教晚，一般认为始于宋代，现今存于海口五公祠内的《神霄玉清万寿宫诏》碑，系宋徽宗赵佶于北宋宣和元年（1119年）御书的一块碑铭，是海南现存最早的道教碑刻。南宋时期，道教金丹派南宗创始人白玉蟾在海南进行道教活动，极大地促进了海南道教的兴起。元时，由于元统治者尊崇正一教，在海南兴

图1-5 屯昌县大同乡福庆寺

图1-6 定安文笔峰玉蟾宫

建了一批供奉真武大帝的道观，如琼山的真武宫、文昌的真武堂等。那时，海南的道观较宋时有了大的发展，增加至20座，分布范围也较明代更广。道教是多元神宗教，民间神祇也是道教的首选供奉对象。清代以后，道教转向民间发展，道观同坛庙相结合的情况在海南现存的古建筑中比较普遍，本书把它们归到祠堂庙宇类，如定安的文笔峰玉蟾宫（图1-6）、海口居仁坊的太阳太阴庙（图1-7）。

图1-7 海口居仁坊太阳太阴庙

4.祠堂

现存较好的祭祀祖先的祠堂有澄迈李氏宗祠、定安张氏宗祠、定安胡氏宗祠、定安莫氏宗祠（图1-8）等。

图1-8 定安莫氏宗祠

图1-9　澄迈美榔双塔

图1-10　定安县龙梅太史坊

5.墓园

墓葬是人最终的归宿地，人们通常会尽其所能将墓葬建得尽量好一些，以安慰死者。例如海南黎族有"墓山"（即选择一座山专门作为一个村子或一个家族的埋葬地），汉族有"墓岭"的习俗。海南汉族的墓葬多为墓上起坟，前面立碑，一些迁琼始祖或名人的墓园中还有石刻、拜亭、享堂等建筑。海南著名墓葬园有海口唐朝宰相韦执谊墓、明朝礼部尚书丘濬墓和清官海瑞墓，文昌迁琼始祖许模墓和明朝都察院左佥都御史邢宥墓，澄迈美榔陈道叙墓等。

6.塔、桥、牌坊

（1）塔

中国古建筑中唯一敢于向上突破的便是塔。塔按功能划分主要有佛塔、风水塔、敬字塔、灯塔等。海南具有代表性的塔有澄迈美榔双塔（图1-9）、文昌斗柄塔、琼海聚奎塔、万宁青云塔等。

（2）桥

海南岛雨水充沛且河流众多，为了交通便利，就需要架桥。从前，海南人不断利用如树木、石头等天然资源架设了许多结实、科学、美观的桥，这体现了海南人的智慧与才干。

古时候，海南岛出现了两个文化现象：一是许多被朝廷贬到海南的高官，他们失意不失志，在海南继续为民众做一些力所能及的事，如唐朝宰相韦执谊被贬海南后就在今海口市龙泉镇雅咏村建造了一座石桥，也是海南现存时代最早的桥梁；二是南宋以后大批来自福建莆田的移民，带来了先进的生产技术和文化，其中包括桥梁的建设技术，如文昌市横山村承先桥就采用了相应技术。

（3）牌坊

牌坊由门演变而成，是为表彰功勋、仕科、德政以及忠孝节义等所立的建筑物。现今海南保存较完整的有定安县龙梅太史坊（图1-10）、亚元坊，海口市粤东正气坊、登龙坊等。

综上所述：从现存的建筑类型来看，海南现存的古代建筑主要以民居建筑为主，殿、堂一类的建筑在海南留存较少，主要为学宫、宗祠。

二、海南民间建筑陈设的特点

1.海南黎族民间建筑陈设的特点

秦汉以前，因迁居海南岛的汉民并不占主导地位，流行的主要是干栏式建筑或巢居，后来才逐渐演变成船形屋，其室内外陈设显出原始、生态、简朴的特点。

《琼黎一览图·住处》图（图1-11）中的一幅船形屋造型与《清代黎族风俗图·住处》图（图1-12）中的极其相似，只是屋坡上的茅草没有捆束成排，坡面上也没有设横窗。原图旁题记记载："熟黎之居，或竖木为桩，围以葵叶，覆以茅草；或就地起寮，茅盖及地，门皆倚脊而开，寝于后，牛猪居中，厨灶在前。生黎之居，皆架木为栏，横铺竹木，去地三四尺不等，其名有高栏、低栏之分，而制无异，上则曲木下垂，形如覆舟，高不及身，或茅或葵或藤叶被之，门亦当脊而稍偏，穴其旁以为牖，上居男妇，下畜鸡豚。挖窟为井，列三石以置釜，皆在栏下。缘梯出入，席地饮煮。至于择可耕之地而建屋，一二年间地脊力薄，弃而他徙，或年一徙焉。庐止一间，颇长，老少男女同寝。则生熟黎有同然也。"

这一记载与清代张庆长著《黎岐纪闻》一书里的形容极其近似，该文记：黎人"居室形似覆舟，编茅为之，或被以葵叶，或藤叶，随所便也。门倚脊而开，穴其旁以为牖，屋内架木为栏，横铺竹木，上居男妇，下畜鸡豚。"

其中两者都提到生黎和熟黎的船形屋是有区别的，熟黎的船形屋是"竖木为桩，围以葵叶，覆以茅草；或就地起寮，茅盖及

图1-11 琼黎一览图·住处

地，门皆倚脊而开，寝于后，牛猪居中，厨灶在前"，而生黎的船形屋则是"皆架木为栏，横铺竹木"；熟黎的船形屋是"屋内通用栏，厨灶寝处，并在其上"，而生黎的船形屋则是"栏在后，前留宅地，地下挖窟，列三石，置釜，席地饮煮，惟于栏上寝处。"这样的高干栏式船形屋进一步发展为低干栏式船形屋，至今黎族边远地区还在使用。

2.海南汉族民间建筑陈设的特点

秦汉以后，随着大批中原汉民南迁海南岛，不仅带来了许多先进的建筑技术，也带来了他们的居住风俗习惯，从此，海南岛上的地面房屋建筑便逐渐多了起来，其室内外陈设基本上按照当时宗法制度排列展示，体现出尊卑秩序以及求吉纳祥的心愿（图1-13）。

黎屋形長似船而勢高門開左右中，拱而屋君者綠梯而上下則以畜牛羊

图 1-12　清代黎族风俗图·住处

图1-13 汉式民居陈设

第二节 ┊ 海南民间建筑的格局与特色

一、海南民间建筑的格局

海南民间建筑布局上外封闭、内开敞，空间上以敞厅、天井、庭院、廊道和室内屏风组成开敞、通透的室内外空间体系。

（一）合院式空间布局

海南传统民居一直延续着中国传统"合院式"民居的空间特征，注重院落围合感，强调轴线，主次分明，区分内外。

受传统风水观念影响，正屋房间布局中轴对称，明间设正堂供奉祖先牌位，两旁为正房供屋主居住。此外，海南传统民居更多地学习了闽南传统建筑的基本布局，如护厝（横屋）、榉头（厢房）、三间张（三开间）等。同时，海南民居在大的院落布局关系和细部装饰上也有岭南民居"改进版"的意味。

（二）朝向和风水布局

在朝向方面，"前水后山"是一个理

想的位置，最理想的方向是坐北朝南，其次是坐东朝西，但很少坐南朝北。此外，还要注意房子宜后高前低，原因是后面很高为"依山"，这意味着有一个靠山，前低临水为"座龙"，可荫护家庭，使人丁兴旺、财源广进，这也是民间所说的"风水"好。

在海南，人们喜欢在民居周围种植树木，所以大多数房屋都隐藏在茂盛的热带树木中，如椰子树、荔枝树、槟榔树、龙眼树，这些树木不仅具有经济价值，而且能清洁空气、美化环境。海南民居简化了正脊的形式，脊的两端用脊吻来强调立体感；脊吻的形象不拘泥于龙和凤，更多地使用草尾和祥云等图案，这都充分体现出海南人谦虚、低调的生活态度和质朴的情感。在山墙建造方面岭南较多用镬耳山墙，常以此来显示富有。而海南屋顶多作硬山顶，因此多为人字山墙，装饰简约明快。

二、海南民间建筑的特色

海南自唐宋起才开始有规模地开发建设，建筑发展也起步较晚。从人口构成来看，海南人口多移民自中原地区，移民而来的人自然带来了祖居地的建筑形式，建筑的营造也受到内陆地区的影响，尤以广东、福建两地为重。在漫长的历史演化过程中，海南古代建筑结合本地区的情况，逐步形成自身的一些特点。

（一）建筑布局顺应自然气候特征

中国古代建筑的布局遵循一定的规律，注重整体性、对称性、层次和比例，建筑形制符合儒家"礼"的要求，讲求地位、宗法，海南古建筑的布局也大体遵循这些原则。一般来说，城市以政府部门为核心，村庄以祠堂为核心，民居注重庭园的围合使用，海南汉族居住地区的建筑布局上大体遵循中原地区的布局做法。同时，为了适应海南的自然气候环境，也呈现出一些自身的特点。

1. 在建筑造型上，随形就势

为了适应海南的自然气候，海南建筑形成了独特的地方风格。最早进入海南的汉族人大多是官员，其房屋的特点是规则、对称和封闭。宋元以后，经商人口增多，而商人需要一个更宽敞的地方来堆放货物和建立手工作坊，因此院落越来越流行。纵向多进合院式的建筑布局在海南古建筑中应用较广，这种建筑布局善于利用院落、厅堂、巷道以及坡顶屋面构成通风和防风系统。在建筑方位的选择上，海南的古建筑并没有明确遵循南北走向，多因地制宜，随形就势，面朝西北和东北的建筑为数不少，对建筑面朝北向也并不十分避讳。

2. 在建筑组织上，因地制宜

在建筑过程中，组合形成小院，这些小院的基本型在海南各地略有不同。院落内的开放空间以合院为主，重点组织房屋附近的绿化，几个院落组织成建筑群落，建筑群落布局规则，轴向性强，形成纵向的多层次布局，充分适应海南夏季西南季风和冬季西北季风盛行的特点，如文昌十八行村梳状布局。与粤闽沿海地区的梳状布局相比，海南梳状布局的主体建筑面比粤闽民居显得窄，开间数量也较少（以三开间的多进式或者双侧护厝为主），布局上更加强调纵向上的轴向性。由于台风、雨水较多，因此海南岛传统聚落中也注意对防风林和水塘的设置，民间称为风水林及风水塘。

黎族地区的建筑以船形屋为主，船形屋有干栏式及落地式两种，干栏式的船形屋又有高脚干栏和低脚干栏之分。干栏式船形屋在平面形式上多为纵向平面，下部开放以利于通风，较少开窗以减少外部环境辐射。落地式船形屋借鉴了汉族民居中穿斗式或抬梁式的梁架做法，后期又发展出金字屋。黎族的船形屋聚落，空间布局上随形就势，材料选择上就地选材，也很好地适应了海南当地的自然气候环境。

（二）建筑营建体现海南本土特色

海南古代建筑传承自内陆，建造的工艺手法主要来自广东、福建地区，但是也发展出了许多海南当地的特色。

1. 在建筑选材上，五材并举

海南建筑在实际建造中体现出了"因地制宜、五材并举"的特点。内陆地区的汉族民居建筑多为砖木建筑，较少使用石材作为建筑的主体材料，一方面有建筑技术的原因，另一方面也有文化观念的原因。而海南琼北地区盛产火山岩，因此民居营建中大量使用了火山岩。

2. 在建筑装饰上，本土特色

海南建筑较岭南地区、闽南地区的建筑装饰性弱，如海南民居简化了正脊的形式，山墙面的装饰也大为简化，岭南地区常见的"三雕三塑"在海南建筑上虽也有体现，但是做法上较为简化。在具体装饰物的选型上，也体现出了海南的地方特色，如脊饰中普遍使用的海浪纹、螭吻兽等。在民居木雕上常用如杨桃、荔枝、虾等一些本地动植物的造型来丰富表现，如定安张岳崧故居梁上所雕龙虾就颇具有海南特色（图1-14）。

图1-14 张岳崧故居梁上龙虾木雕

图 1-15　苏公祠双层板筒瓦屋面

3. 在建筑营造上，顺风散热

海南主要气候为热带季风气候，湿热、多雨，常有台风。为了室内通风，海南建筑一是建筑面宽大，进深小。海南常年风速大，进深浅的建筑有利于组织通风，散热快。二是开口大。海南建筑室内为了纳凉，公共部分的入口开得很大，明间大厅的正门往往开四六门，有些甚至整个开间全敞开，特别是书院、祠堂、寺庙等公共建筑，常常是公共活动部分前廊全敞口，如乐东吉大文故居、海口侯氏"宣德第"等建筑的明间都是整个开间全开门，又如儋州东坡书院的载酒堂、海口西天庙等处筑的殿堂都是前廊全敞口。三是通透。海南建筑常用木槅门、趟栊门、透雕隔断、镂空气窗，前廊檐墙顶用镂空花板装饰等，确保室内通透，通风散热。为了隔热，海南建筑在屋面处理上也有地方特色，常用双坡排水，双层板筒瓦石灰砂浆裹垄屋面。这种处理手法，既可达到隔热的效果，又能有效地阻止台风来临时引起的雨水倒灌（图 1-15）。

4. 在建筑开间上，法式独特

海南汉族民居平面基本类型大致有单开间式、双开间式和三开间式三类。三开间民居在农村中比较普遍。建筑平面的开间尺度以一瓦坑为参照，海南当地称一瓦坑为一"路"，每瓦坑约 25 厘米，另有种较大的可到 27 厘米，明间一般取十三至十七"路"，次间一般为十一至十五"路"，"路"的取值一般以奇数为主，个别地区也有以半"路"为计数的。建筑心间一般比次间宽两路，如心间为十五路的（以一路 25 厘米计，约 3.75 米），次间为十三路（以一路 25 厘米计，约 3.25 米）。建筑的进深以桁数的架数来控制，常用的架数有七架、九架、十一架等，桁架间距一般在 60 ~ 80 厘米，总进深 6 ~ 8 米。建筑的高度则以坡顶处的脊梁高度来控制，高度的取法一般有一丈一尺一寸（约 3.7 米）、一丈二尺一寸（约 4 米）和一丈三尺一寸（约 4.4 米），尾数均为单数。

（三）建筑文化反映多元、务实、吉祥

海洋文化和移民文化是海南文化的重要组成部分，单从建筑文化的发展而言，整体上也受到移民文化和海洋文化的影响，它们反映在多元、务实、吉祥三个侧面。海南的建筑发展是随着移民的到来而展开的，从山区的少数民族聚落到沿海平原的城池，从船形屋到砖石木作，海南建筑发展在很大的程度上体现出了多元的特征。

1. 在建筑思想上，多元融合

明万历年间，以福建闽南人为主体的大量移民开始迁往海南岛，福建移民的到来也带来了福建的建筑风格。海南岛的北部及东部的传统汉族民居喜用红砖，常见三开间的一厅两房或一厅四房，平面形式常见纵向多进式和横向护厝式，这些现象可以在福建闽南、闽中的民居形式中找到回应。福建民居中门章的做法，在海南汉族民居中颇也为常见。

广东民居的典型平面如"三间两廊""四点金""三座落"等，在海南汉族民居中也常常可以见到与之相似的布局手法。除此之外，北方地区、江浙、广西等地的民居建筑形式，也可以在海南找到回应，这与海南的移民历史有着密切的联系。海南也是著名的侨乡，从东南亚返乡建房的侨民们，也带来了东南亚风格的建筑，如琼海留客村陈宅，虽然立面风格带有东南亚特征，但是平面处理上仍类似浙江一带的"十三间头"。

2. 在建筑形式上，务实守礼

讲究务实是海南建筑文化中一个非常重要的特点。海南地处热带，对建筑的布局、朝向、造型、体量和用材的设计要求以防太阳辐射、防台风及排热降温为主，海南的古代建筑针对这些要求做了很多的适应性设计。这种建筑的务实性在岭南建筑中也得到了较多体现，也符合海南作为岭南文化区一个独立地理单元的普遍认知。

另外，海南岛从汉代纳入中央朝廷的直接管辖范围后，各封建王朝一直在不断加强对海南岛的统治，按照当时朝廷规定的制度来规范建筑体量、规格、等级、形制等，如礼制建筑代表孔庙和尊孔与教育合一的书院，布局大都是以纵轴线为中心，左右对称。

3. 在建筑表现上，求吉纳祥

古代的海南人非常注重用塑、嵌、刻、雕、画、描等工艺，将所祈求的福、禄、寿、喜、吉、安等愿景表现在建筑的里里外外，并能使之与该建筑的用途、构件和所在部位和谐统一，这是海南民间建筑又一大突出特色。

海南民间建筑发展是一个追求和谐、吉祥美满的过程。在海南民间建筑发展的各个历史时期，海南人民都广泛地学习外部优秀的建筑营造技艺用以自我完善。黎族地区的群众吸收了汉族地区的梁柱架构，汉族地区的建筑借鉴了闽南沿海一带的建筑平面，又吸收了岭南地区的"三雕三塑"的做法，后来西式殖民风格建筑的传入、东南亚骑楼的营建，都是海南建筑不断追求和谐、求吉纳祥的具体例证。

一、海南民间建筑的主要结构形式及工艺特征

由于气候、历史、战争和人文等各方面因素的影响，海南保存至今的古建筑不多，现存完整的古建筑，大多历经重建或修缮。海南是一个多民族杂居的地区，加之移民传统文化的相互渗透和外来文化的影响，为海南建筑的营造创造了多种形式，在为海南古文化带来巨大革新的同时也为建筑发展带来了多样性。由于自然气候条件的限制，海南形成了适合自己的民居建筑营造方式，如木结构、砖木结构、砖石结构和竹木结构。

（一）木结构

在古建筑中，大木作施工最具有艺术性和挑战性，同时也是施工中最为复杂和最难掌握的特殊专业工程。海南木作结构形式主要有：抬梁式木屋架结构＋两侧砖砌山墙和中间穿斗抬梁式混合木屋架＋两山墙穿斗式屋架。

丘濬故居不仅是海南现存时代最早，艺术水平最高的木构建筑，也是海南现存的木结构建筑中为数不多的明代"月梁穿斗"式建筑。故居梁架结构仍较好地保留了当时的风貌，为穿斗抬梁式组合结构，

梁均采用月梁形式，用材粗大。经考证，丘濬故居现存建筑的木结构乃是明代时期始建时的原构件和原物。其中，左厢房中还放置着一张丘濬及其父母睡过的卧床，这张卧床也是明代时期始创时完好保留下来的原物。丘濬故居在1996年被列入全国重点文物保护单位（图1-16）。

（二）砖木结构

砖木结构是我国传统建筑结构中常见的一种（图1-17~图1-19）。这种结构建造简单，材料容易准备，费用较低；空间分隔较方便，自重轻，并且施工简单，材料比较单一。不过，其耐用年限短，占地多，建筑面积小，不利于解决传统村落人多地少的矛盾。

张岳崧故居（共有2处故居，这里主要介绍的故居位于出生之祖居西南面，为1809年所建，也是张岳崧晚年的居住之处）原建有两栋一明四暗正屋，菠萝蜜木柱与桁桷，砖瓦结构。其中正屋较为宽敞，有一栋一明两暗的大屋，系菠萝蜜木柱与石砖瓦构建，此外还有七栋横房、五座庭院、两个花园，大门朝南，四周设置围墙，为四合院组合形式。如今下屋院墙、院门均已损坏，仅存一栋正屋、后屋

图 1-16　海口琼山丘濬故居"可继堂"梁架木结构

以及东西横房。

（三）砖石结构

　　海口在历史上曾多次发生火山喷发，至今保存了多座火山口地貌遗址，属火山岩地质，给海口地区提供了丰富的火山石建筑材料。火山石，有红色、黑色、灰色，常用于民居、城墙；花岗石主要有红色、灰色，由于加工难，较少用于古建筑，但常用于台基和桥梁中；青（红）砖有九分砖、八分砖、七分砖等，主要用于民居、庙宇、祠堂等。海南瓦材与我国其他地方有明显差别，沟瓦薄、宽、短，盖瓦厚、小、圆。鉴于砖石结构建筑的耐用性，海南保存下来了丰富的古建筑群，如

文昌的十八行村和各处的石塔、牌坊，反映出海南丰富多彩的建筑技术（图 1-20、图 1-21）。

（四）竹木结构

　　黎族民居，以竹木为架，覆草为顶，平面呈长方形，从山墙方向开门出入，房子较低矮。早期房屋形式外形像船篷，内部间隔像船舱，外族人据其形称之为"船形屋"（图 1-22）。后期，随着黎族文化与汉族文化不断交流与融合，受汉族人金字屋通风、采光等建筑思想的影响，许多方言区的住宅也采用了金字屋的形式，四面有墙，墙上开门开窗，但这种金字屋仍是竹木结构，覆茅草顶（图 1-23），它的建

图 1-17 定安高林村张岳崧故居

图 1-18　儋州南丰镇陶江村钟鹰扬旧居围屋

图 1-19　三亚保平村张家宅

图 1-20　砖石结构建筑：文昌东阁韩家宅

图 1-21　砖石结构建筑：澄迈大丰古街

图 1-22　杞方言区船形屋

图 1-23　在建的金字屋

造技术、材料、外观形式还是船形屋的风格。黎族各方言区的民居，在平面布局、立面造型和结构构造上都基本相似。由于黎族人自古生活在相对封闭的海南岛，其传统民居建筑受海南岛汉族传统民居建筑影响比较大。在历史发展过程中，各方言区都不同程度地从汉族民居建筑的造型、风格等方面进行借鉴，融入自己的民居建筑中，从而形成自己的特色。至20世纪50年代，黎族传统民居建筑基本形成了四大类，即高脚船形屋、矮脚船形屋、地居式船形屋和金字屋。

二、海南民间建筑的主要装饰形式及工艺特征

建筑装饰常附属于建筑结构或者建筑构件之上，起到美化建筑和保护建筑的作用，对于建筑细节的体现也是一种补充。明清以前，海南是一个贬官、移民较多的地区，海南古建筑装饰以展现内地悠久绚烂的文化为主体，同时积极吸收周边文化，呈现出多元化文化特征。

海南民间建筑的装饰主要运用在屋脊、山墙、瓦面、檐口、门窗、梁架、廊柱、栏杆、地面、墙面等处。由于海南常年受到海风的影响，因此建筑易受侵蚀、破坏。在建筑中，破损最严重的通常是建筑的装饰构件。海南人民在长期的实践中，因地制宜，在建筑选材、材料制作和装饰工艺方面尽量做到少受气候环境的影响。海南传统建筑装饰主要有木雕、石雕、砖雕、灰塑和彩绘。

（一）木雕

海南的木作选材丰富多样，如黑盐木、石盐木、菠萝格等。大量木材的使用推动了海南木作的发展，同时也涌现出一些木雕技艺高超的作品。海南常见的装饰木作工艺主要有线雕、浮雕、暗雕、透雕等。由于多种文化的融入，海南传统的木作装饰丰富多样。海南木作装饰多运用于门窗、家具和室内装饰，此外，梁、柱头和前廊也多有装饰，其主要构件为门窗扇及细部构件等。

1. 木刻门窗扇

木刻门窗扇是海南木刻装饰中主要的构件，在海南传统地域建筑中门窗扇分为三组六片，每片上的雕刻手法与图案都不一样，体现海南木刻装饰的多样性与丰富性。雕刻的主要题材有花草、树木、鸟兽等吉祥图案，做工极为精细，有时还采用"双喜""寿""福"等字样作为木刻的主题。木刻门窗扇上各种图案栩栩如生，具有很高的艺术价值（图1-24）。

2. 木刻细部构件

木刻艺术在海南传统地域建筑细部中的应用主要是指在建筑的瓜柱、梁头等处进行雕刻处理。其通常的处理手法为圆雕和浮雕，题材以花草和动物纹样为主，如松柏、兰菊、麒麟、仙鹤等（图1-25）。

（二）石雕

石雕指在一定大小的石材上进行雕刻加工。由于海南地区大多数为火山石，因此在石雕的选材上受到限制，火山石石质坚脆、耐磨、耐压，但不利于雕刻，因此海南石雕工艺发展较缓，优秀成熟的石雕

图 1-24　木刻门窗扇

图 1-25　定安王氏宗祠瓜柱浮雕

图 1-26　石雕

图 1-27　澄迈封平约亭柱脚石雕

图 1-28　文昌孔庙砖雕

图 1-29　灰塑

图 1-30　山水彩绘

作品很少。但确实需要石雕装饰时，也会引进闽南、岭南等地的石材。石雕常用于受压构件装饰，如柱、门槛、台阶、摆件、神佛像和小型人物雕刻等（图 1-26、图 1-27）。

（三）砖雕

砖雕是模仿石雕出现的雕饰类型。所用的材料主要是青砖，和墙体材料一致，整体统一（图 1-28）。砖雕在内地民居中广泛使用，而在琼北地区很少用。因海风带有盐分和水汽，对石灰合成的砖会产生较强的侵蚀作用，令砖雕不易保存。

（四）灰塑

灰塑，是我国传统建筑中常用的一种装饰形式。海南民间建筑对灰塑的引入，与海南的移民历史息息相关。海南岛地区大部分建筑都或多或少地采用了灰塑工艺进行装饰，其常用部位一般为建筑的脊饰、墙面、八字带、门窗套等。

灰塑制作工序是比较复杂的。灰塑制作工艺按顺序可分为原料加工（包括配灰和配彩）、灰坯塑制、赋灰及赋彩四大工序。整个制作一般由泥工匠师傅完成。灰塑主要材料是石灰，但海南盛产贝壳，因此工匠们常用蚌壳、海蛎壳等烧制的贝壳灰代替石灰。贝壳灰属于有机灰，具有抗海风侵蚀的作用。灰塑适合海南的高温高湿气候且制作方便，因此在海南民间建筑中得到了广泛的应用（图 1-29）。

（五）彩绘

彩绘（图 1-30）是我国传统建筑中常用的一种装饰形式，在海南传统建筑中也多有应用。海南传统彩绘使用的颜料主要以矿物质为主，如石绿、群青、土黄、土红等，此外还有竹叶烧成灰后加酒和红糖调制而成的黑烟。由于彩绘是艺术性比较高的技术活，且相对于瓷砖镶嵌工艺耗时多，因此，发展到今天，人们逐渐改用镶嵌彩绘瓷砖代替彩绘。

第四节 ┊ 海南民间建筑陈设的方式与需求

一、海南民间建筑陈设的主要布置方式

（一）传统民居的基本配置形式

传统民居的基本配置形式，人们泛称"三间房"。"三间房"的使用安排，往往都是客厅、卧室和书房。厅堂集多功能用途于一体，家庭祭祀、亲朋往来大多在厅堂举行，它的陈设方式反映了中国社会交往中的基本需求。居室、灶间等处的陈设则更多体现出家庭生活的气氛。从建筑布局上看，几乎各地区的人民都将厅堂放置在宅居的正中，而将居室安排在两侧或者楼上与后院。在民宅建筑中，正房的高度均较侧屋高，开间也较侧屋大；而灶间、厕所与杂物间就显得低矮窄小。在采光方面，正厅多采用全敞开的多扇大门或大窗采光，而侧室则多以齐胸的棂格窗采光，且多以窗帘或廊下帘遮掩。灶间等地则多以小窗或天窗采光通风，加上它们高度与宽度不同，形成了总体上十分明显的"明堂暗屋"的格局。

根据功能要求，厅堂与居室有着不同的布局与陈设方式。厅堂大体有两种布局方式：一种是以正中为主摆放设施，而以环绕正中的地面与空间作为活动处所；另一种是以正面主墙为主摆放设施，辅以东西厢靠壁，将厅堂正中的空间作为活动场所。常见的布置方式是保持主壁与突出正中设施，而略去两厢摆设。无论哪一种方式，都形成一种与建筑中轴线对称的布局形式，与厅堂的通道、门窗联系起来，使厅堂处于活动的中心。这种陈设方式显示出的中、正、宽、敞、高、大、明、亮等特征，在某种意义上既是一种普遍的审美要求，又是一种做人的道德追求，它长期以来对中国社会的影响与对中国文化的造就是不可忽视的。居室的布局则与厅堂不同，虽然各地区、各民族对居室布置的方式多种多样，但总的来讲，其布局方式基本上具有幽静、隐秘而自在的特征。卧床多置居室内较暗一隅，且距门较远，以门帘屏风、帐幔再次加以遮拦。灶间多以实用方便的原则来安排陈设。当然，在各地的风俗中，也有一些因风水忌讳而导致的布置原则，如灶口不能朝某个方向，床头不能朝某个方向等，究其科学原因，多数是为防火、防止环境污染或者有利于通风采光等而为之，同时也表现出人们避祸、祈祥、求福的愿景。

（二）传统民居的主要陈设方式

传统民间居住环境的布置和用于布置的各类物品，能够比较集中地体现出民间美术的审美品格、创作手法、题材、观念与构成方式。作为民间工艺美术的研究对象，它包括了居住环境的基本布置与陈设方式，各种式样的室内家具及摆设物品，如墩、座、屏、架、匾、牌等。这些东西都是日常生活中影响、体现人们审美格调与文化素养的重要物品（图1-31、图1-32）。

从陈设的物件来看，海南一般民居厅堂配有公桌、奉案的较多，配有太师椅、案几的较少，厅堂的悬挂物除有些名门望族有木、石牌匾（图1-33）或字画外，大多只配有神龛、公阁设置及装饰；除了某

图1-32　海南传统民居厅堂

图1-33　张岳崧故居牌匾

些民族因生活习俗等不同外，一般很少在地面上铺地毯，也不做地面软装；摆设品多为屏、炉或少量体现文化品位的物件。其他用房往往据实用而摆设，一般百姓家装饰墙壁多用壁画，对于墙上挂的炊具、走廊上放的农具也都注意它们的形状与放置位置，实际上此中也包含有一定的审美成分。

二、海南民间建筑陈设研究与抢救的必要性

中国传统民间建筑的研究是一项抢救性工作。今日，相当多的宫殿、陵墓、寺、塔、石窟等古代官式建筑已被列为文

图1-31　琼海蔡家宅

图 1-34　文昌松树村符氏大屋

图 1-35　儋州南丰林氏围屋

图 1-36　定安仙坡村胡氏宗祠

物保护单位，但民居这种在过去数量最多、分布面积最广的传统建筑，却以惊人的速度在消失。事实上，古代的官式建筑一直从民间建筑中汲取养分，而许多优秀民居建筑及其装饰手法一旦被官式建筑大量使用后，古代的统治者又以立法的形式限制民居再使用这些营造手段，如增加开间数量以烘托建筑气势、使用斗拱与鸱吻、应用漆涂彩绘、选用琉璃砖瓦、运用基座和栏板衬托建筑气氛等。

尽管如此，直到清朝末年，传统民间建筑中仍然有相当多的营造及装饰手法优于模式僵化的官式建筑设计，如民间建筑中题材广泛丰富的雕刻装饰手法，以及附属于民居的私家园林设计（图 1-34~ 图

1-36）。因此，官式建筑仅仅是中国古代建筑文化遗产的一部分，而民间建筑尤其是民居，也是中华民族优秀建筑文化遗产中的相当重要的一部分。中国传统民间建筑中所蕴藏的深厚的文化内涵是值得我们今天认真研究的。我们语言文学中相当多的成语都来源于旧时的民居生活，中国传统的白话小说、戏曲故事中所反映的场景也都发生在民居这个环境之中。中国古典家具、饰件、书画条屏更是以民居作为主要展示场所而制作或创作的。民间建筑的研究绝不仅仅是单一的建筑结构和设计的研究，而应该扩大至美学、环境心理学、民俗学、非物质文化遗产以及古代绘画等多个领域进行全方位研究。

三、传统民间建筑陈设设计的主要设计需求

在我国众多建筑类型中，民间建筑是其中一大类，而在民间建筑类型中又呈现出显著的地方性，即因地域、气候、风俗等的不同，而有不同的细分类别。

海南的民间建筑的类型有：疍家渔排、崖州合院、火山石民居、多进合院、南洋风格民居、南洋风格骑楼、儋州客家围屋、军屯民居、船形屋、金字屋等。这些传统民居室内的水平界面（天花板、地面等）和垂直界面（墙、柱等）通过具体、艺术、个性化的装饰手段进行再加工和分割，使空间布局更合理、层次更丰富、空间流动更顺畅；同时，室内家具、植物、日用品等的陈设方式也最大限度地满足了住户的需求（图1-37）。

①思想性需求。虽然海南是一个多元文化汇聚之地，但在民间建筑陈设上，大多数人都采取顺应自然的亲和态度，希望陈设体现出宗法礼制与自然和谐的思想，表达出自己的情感趣味和完美意境。

②功能性需求。包括满足正常使用的要求，保护主体结构不受损害和对建筑的立面、室内空间等进行装饰这三个方面。

③安全性需求。无论是墙面、地面或顶棚，其构造都要求具有一定强度和刚度，特别是各部分之间的连接的节点，更要安全可靠。

④可行性需求。进行设计之后，要通过施工把设计方案落地，因此，室内陈设设计一定要具有可行性，力求施工方便。

图1-37　儋州南丰林氏围屋

⑤经济性需求。要根据委托方的预算、要求及用途确定设计标准，不要盲目提高标准。重要的是在一定的造价下通过精巧的构造设计来达到实用与艺术效果。

⑥装饰性需求。传统室内陈设艺术设计也需要利用科学技术手段，它的最终目的是创造设计人的生活。"一切设计以人为本"是设计行业永恒的话题，该理念引导人们建立更完善、更前沿的科学技术和人性化的生活方式，不断协调好人类与环境的关系。陈设用品要与室内设计的整体风格相协调，在整体中，充分发挥各自的优势，共同创造一个高使用性的室内环境。

思考与实训

1. 归纳你家乡民间建筑的类型和特色。
2. 说说你家乡民间建筑的室内陈设特点。
3. 画出你家乡民间建筑的某一装饰构件。

第二章

海南汉族民居

第一节 ： 琼南汉族民居

一、疍家渔排

渔排在海南疍家人聚居地的港湾、海汊均有分布，所处地域多为热带季风气候区，气候炎热湿润，每年台风较多。现海南陵水县新村、三亚市红沙等地的港湾、海汊内有渔排分布。其中，海南陵水县是中国疍家发源地之一。2016 年，"海南陵水疍家渔文化系统"被中华人民共和国农业农村部、海南省农业农村厅列入申报"中国重要农业文化遗产"目录。2019 年，陵水新村镇疍家渔村入选第五批中国传统村落名录。

（一）疍家渔排的聚落成因和空间特征

1. 聚落成因

疍家人以海为生，沿着长江流域水系和南方海域以水为家，居于舟船，漂泊不定，相传为古代百越族的后代，明清时期濒海而建的"疍家棚"成了海南疍民的主要居所。到了现代，随着水上养殖业的兴起，疍家人在避风的港湾中修建渔排进行水上养殖，渔排屋成了新时期疍家人生产和居住的场所（图 2-1）。

疍民世代在海上讨生活，以船为家，以渔为业，在沿海港口生活繁衍。他们常年居于海上，有自己的鱼塘和渔排，房屋是用塑料和模板搭建而成的，走在上面很平稳。

渔排是海南疍家民居的典型样式之一，是疍家人在延续传统水居船屋、临水吊脚屋（也叫"疍家棚"）功能的基础上，结合新时期生产和生活需要建造的，也是现代疍家人为了适应水上养殖而修建的集养殖、捕鱼和居住为一体的民居样式。渔排有两个部分，一部分是人居住的房子，一部分是网箱养殖区域；因此这里既是日常生活起居场所，又是工作的作坊。一条条木板拼接成的框架纵横交错，一个个渔排网箱呈网状相连，网格间搭着的一座座木制房子，船对船、屋连屋，层层叠叠、密密麻麻，颇为壮观。

2. 空间特征

疍家渔排排列紧凑，整齐划一。渔排中间的缝隙就是整齐的街道，渔船在中间可以自由穿梭，是疍家人交际和生活的重要场所。

疍家渔排空间特征主要体现在以下几个方面。

一是疍民的船即为生活工作的场所。船头是主要劳作区域，船中部有遮盖物的

图 2-1　疍家渔排 1

图 2-2　疍家渔排 2

区域是主要生活起居场所和储藏区域，船尾则是厨房及排污区域。二是形成无定形的水上村落。渔船的出海和归来，村民之间的串门聊天，交易时热闹繁杂的海上市场等，构成了不断变化的动态村落。三是设有用于水上休息的公共渔船。平时男性出海捕鱼，女性则聚集在水上渔船的休息仓内一起带孩子，聊天纳凉，形成了一个独特的水上船型休息空间。四是有独特的海上与陆地连接的纽带——栈桥。它不仅支撑起给水管为渔船及渔排上的居民提供饮用水，而且是渔船补给及停靠的所在地。五是由"田"字形养殖网箱组成渔排。

（二）疍家渔排典型聚落

海南陵水新村镇新村港是海南疍家聚居地，位于海南陵水黎族自治县东南部，南濒南海。镇域内拥有天然良港——新村港，可容纳 1000 多艘渔船停泊，是国家级中心渔港，新村镇新村港的疍家人来自福建泉州和广东顺德、南海等地，港内有渔排约 450 个，从事海水养殖和捕捞业（图 2-2）。

（三）疍家渔排典型建筑

陵水疍家人世代在海上撒网捕鱼生活，后来发展渔排网箱养殖，形成了"以海为生、以船为家、以鱼为食"的鲜明渔耕文化。疍家人在衣食住行、婚丧嫁娶、生产劳作、信仰习俗等方面都有着海洋烙印。

1. 郭石桂渔排

郭石桂渔排位于陵水黎族自治县新村镇新村港内，由郭石桂于 1985 年建造。该渔排左右宽 5 个龙口，前后深 4 个龙口，渔排屋坐东北朝西南，面宽和进深均为 2 个龙口尺寸，共占 4 个龙口，建筑面积约 60 平方米。从后向前依次为卧房、堂厅、前庭，卧室左右各一间，中间留一通道，通道上方为祭祖架和储物架；堂厅为长方形，长约 8 米，宽约 2.7 米，堂厅为活动起居空间，无桌椅等家具，平时都席地而坐，右侧墙角上置电视机；前庭主要为日常工作的场所，工作台置放饲料、渔网等；厕所在渔排最外端的龙口上。屋顶为硬山坡形式，前坡长，后坡短（图2-3）。

2. 黎孙喜渔排

黎孙喜渔排位于郭石桂渔排南侧，建造年代和郭石桂渔排相近，至今已有 20 多年。黎孙喜渔排左右宽 5 个龙口，前后深 4 个龙口，渔排屋建在中间 1 个龙口

图 2-3 郭石桂渔排外景

上，加上工作台前后共占 3 个龙口位置。自后向前，依次为卧房、堂厅、前庭和工作台，室内地坪依次降低。卧室分左右两间，门均开，向堂厅，卧室尺寸较小，可席地而睡；堂厅稍大，长、宽均为 1 个龙口尺寸，约 4 米 ×4 米，左墙角安置祖宗牌位，右边为电视机，无桌椅等家具；前庭和工作台是煮饭、织网等日常家务空间，工作台上有遮雨篷布。厕所在渔排的最外边角。屋面为硬山坡屋顶，主体左右坡，前庭为单前坡（图 2-4）。

二、崖州合院

崖州合院是琼南沿海地区典型的传统民居形式，其建筑布局在一定程度上受闽南地区民居和广州民居的影响，顺应了琼南地区常年干热、雨季有暴风雨的气候特点，形成独具琼南特色的接檐式民居。

（一）崖州合院聚落成因和空间特征

1. 聚落成因

崖州建筑主要受到中原文化和儒释道文化的影响，呈现出合院式布局。从北至南，受汉文化影响的合院式建筑分布广泛。合院式布局是以家族聚居为主，以庭院为家族活动交流中心的组合体，空间序列主次分明，结构层次严谨清晰。

琼南汉族居民大多为福建和广东的移民，他们在沿袭闽南和广府地区民居样式的同时，充分结合了琼南地区的气候特点且有所创新。屋顶前坡长后坡短、"一剪

图 2-4　黎孙喜渔排外景

"三坡三檐"的接檐式屋面、大进深的前庭等做法是琼南崖州合院民居的明显特征（图2-5）。

2. 空间特征

崖州合院院落大体沿轴线对称，左右侧屋和左右厢房均对称布置在中轴线两侧，入口门楼开在侧面。琼南建筑为抗风防雨形成了独具琼南特色的接檐式民居，延伸了走廊空间，降低了檐口高度。崖州合院沿村里巷道两侧呈梳式布局，一般为单进院落，少量有多进合院，单进院落有二合院和三合院。正屋为一明两暗三开间，明间为堂厅，堂厅两侧为卧房。正屋前有大进深（2.7～4.5米）前庭，前庭的堂厅部分进深稍大，俗称"庭屋"，其两

旁的前庭进深稍小，俗称"鸡翼"；横屋也是一明两暗三开间，明间为客厅，暗间为生活用房。正屋和横屋转角连接处一般为杂房或书房，有些还设有小天井或转角后院。正屋中门正对院墙位置一般建有照壁。

（二）崖州合院的建筑布局与构成

1. 建筑布局

崖州合院民居沿村里巷道两侧呈梳式布局，一般为单进院落，也有多进合院。单进院落的民居"檐廊"宽度大，其院落以三开间为基本构成单位，在主屋两侧布置横屋，一般横屋较短，少有长横屋出现，较少有围合，多为开敞式。琼南民居宅院类型也较为多样，横屋变异较为复

图2-5　崖州合院鸟瞰图

杂，宅院间相互组合方式多样化，没有明确核心，宅院聚落整体而言多成组团状，稍显松散。

2. 建筑单体构成

崖州合院基本组成要素如下。

①正屋（堂屋）。正屋为三开间，正中为堂屋，供奉祖宗牌位，正屋可会客，两侧为左右开间，用作卧室。正屋是主要的生活起居与待客之处，是整个院落的中心组成部分。

②左右侧屋。正屋的左右侧屋用作辅助用房，例如厨房和仓库。这些辅助用房一般与正屋相连，布置在正屋的两侧。

③左右厢房。厢房分为左厢房和右厢房，沿轴线成对称布局。厢房多为三开间，也有两开间。正屋一般都是长者居住，晚辈则是住在厢房的。

④照壁。琼南地区出现的照壁样式多为马头式照壁，崖州合院的照壁在正对正屋堂厅的院墙上，结合院墙用砖砌筑，位于整个三合院的中轴线。

⑤门楼。崖州合院重要入口就是门楼。门楼的形式层数各有不同，有的门楼高一层，有的高两层。门楼的位置并不是在中轴线的末端，而是位于正屋侧面。崖州的民居朝向受中原文化影响多为坐北朝南，其次是坐西朝东。坐北朝南的门楼一般向东南方向开门，坐西朝东的门楼就在东北方向开门。

⑥院墙（围墙）。崖州合院的院墙是建筑围合重要的元素。因居民比较随和，且受风水学的影响，院墙多使用弧形墙，房屋以及院墙的转角都不正对着道路。房屋的外墙或院墙，遇到转角或弧形道路都必须因循就势做弧形处理。

（三）崖州合院典型建筑

1. 乐东县黄流镇陈运彬祖宅

陈运彬祖宅（图2-6）位于黄流镇黄东村，建于清代末年，为陈运彬的曾祖拔贡公陈锡熙所建。建筑坐北朝南，原占地面积约600平方米，现占地面积372.26平方米。

陈运彬祖宅由一正屋两横屋围合成

图2-6　陈运彬祖宅原鸟瞰图

院，正屋正对院墙处有一照壁（图2-7）。照壁为灰浆砖砌，上有"福"字、蝙蝠、花草等灰塑图案。左横屋旁另建有一书房及附院，书房正对附院处也有一照壁，比正院照壁略小，上有"寿"字、蝙蝠、花草等灰塑图案。门楼位于左横屋前方，正对横屋山墙，砖木结构，坡屋顶，入口处地面和上方设有防盗木柱孔，进入门楼后（图2-8），通过一段弧形院墙过渡到

图 2-7　正屋对面照壁和弧形清水墙

图 2-10　陈运彬祖宅正屋

图 2-8　陈运彬祖宅门楼

图 2-9　陈运彬祖宅左横屋

正院。

　　正屋一明两暗三开间，两横屋也为三开间，屋顶均为硬山顶，左横屋和正屋（图 2-9、图 2-10）屋顶为"一剪三坡三檐"的接檐式坡屋面。正屋结构为传统穿斗式木构，外墙为清水砖墙。

　　2. 乐东县九所镇孟儒定旧宅

　　孟儒定旧宅（图 2-11~ 图 2-13）位于九所镇十所村，占地面积 2959.38 平方米，建于光绪三十四年（1908 年），为清末拔贡孟儒定所建。建筑坐北朝南，为五进三合院落，其中第一进和第四进正屋后墙正中，分别开门连通第二进和第五进院落，除第一进外，每进院落左右均设有小门楼（已损坏），另在第一进和第二进之间的左右巷道上各设有一个大门楼（已损坏）。

　　每进院落均为一正两横三合院，正屋和横屋均为一明两暗三开间，前面均有较大进深的前庭（俗称"庭屋"），横屋后有书房、杂房等附属用房和小后院。屋顶均为硬山式，前坡长后坡短，有些横屋为接檐式坡屋面。正屋结构为传统穿斗式木构，外墙为清水砖墙。

图 2-11　孟儒定旧宅鸟瞰图

图 2-13　孟儒定旧宅主屋内陈设

图 2-12　孟儒定旧宅主屋

第二节　：　琼北汉族民居

一、火山石民居

　　海南火山石传统民居多始建于明清时代。火山石传统民居沿用竹筒屋布局特征，即短而宽，长而深，两户间形成长巷，多排并列成村。火山石民居是可生长民居，根据家族人口的发展而逐步发展为院落，当生长到五进院落后又从旁边再起一个院子或在后面设路另起院子，所以往往一个村落是由一个家族发展起来的。

（一）火山石民居的聚落成因与空间特征

1. 聚落成因

海口羊山地区属于热带海洋性季风气候，这使羊山地区当地的民居建筑都要适应这种特殊的气候条件。为了避免房屋被台风摧毁，减少风阻，造屋时普遍采用低矮的建筑形式，房屋多为一层。为了减轻热带气候环境带来的湿热感，当地采用特有的火山岩石材作为外墙围护材料，这种气孔状的火山岩不仅透气性能良好，还非常耐腐蚀、抗风化，能适应湿热的气候环境（图2-14）。

图2-14 火山石民居

2. 空间特征

海口羊山地区地处火山地带，自然环境致使羊山地区的村落与内陆村落有着明显不同的特色。

（二）火山石民居典型聚落

较为典型的火山石传统民居的村落有海口市的美梅村、文山村、道贡村、荣堂村、美社村等。现以美梅村和文山村为例对火山石传统民居村落作简单介绍。

（1）美梅村

美梅村位于海口市西南部秀英区永兴镇建群管区，该村古树参天，风景秀美，古朴幽雅，古称美眉村，清代改为美梅村。美梅村建筑材料都就近使用蜂窝状的火山石，火山石砌筑工艺精湛，建筑保存完好。美梅村古老的火山石村门、庄严肃穆的牌坊石匾、保民护村的火山石炮楼和幽深的火山石民宅，无不展现着火山石文化的无穷魅力（图2-15）。

（2）文山村

文山村位于海口市东南部，该村距今已有700多年的历史，是古琼州四大文化名村之一，有独特的城堡式设计，整个地形如水面浮出的一朵莲花。

文山村背靠羊山，前临南渡江，山环水绕，风光如画。村中数条火山石板路，石屋、石路、石墙组合像一张八卦图或蜘蛛网，呈放射状，上窄下宽，构成一个城堡式的坚实村庄。村庄的路巷错综复杂，防兵防袭。文山村能在风雨和战乱中保存至今，与该村独特的地理位置和城堡式的巧妙设计不无关系。

（三）火山石民居典型建筑

1. 海口市旧州镇侯家大院

侯家大院，是一座具有上百年历史的海南民居院落，为村中从事当铺的富豪侯家所建，侯家在经商为官上，仁德厚政，美名在外，得光绪帝欣赏，赐"宣德第"为府名以示褒扬。

侯家大院位于包道村西北，占地面积达4694.33平方米，完整地记录着火山石传统民居的发展与演变过程。整个大院是南北朝向，坐北朝南，三面丛林环绕，一面临街，四周为高2.4米左右的围墙。侯

图 2-15 美梅村

家大院演进至今共 4 通，每通三进四院，右两通为最早修建。清末侯氏家族步入仕途，于是修建了左两通，用十七瓦路，同时房屋屋顶开始出现龙凤灰塑。整个大院力求方正近似矩形，入口路门开在迎街的墙面上，有三座装饰精美的路门，其中一座上题有"侯氏大宅"四个大字，体现出侯氏家族的尊贵地位。

侯氏大宅是目前海南地区整体保存较为完好，且具有典型海南民间建筑特色的古民居建筑。（图 2-16 ~ 图 2-20）。

2. 海口市遵谭镇蔡泽东宅

蔡泽东宅位于海口市遵谭镇湧潭村（图 2-21、图 2-22），是符合现代生活习惯的火山石民居的典型代表。其形制是标准的二进三院，主体房屋建筑面积 180 多平方米，庭院面积 461.10 平方米。前面为客屋，中间为主屋，后院设厢房。其功能结构完全符合现代的起居模式，主屋加设配套卫生间、统一的给水系统和完善的排水排污体系，同时后院厢房有农具储存室、作物加工间和现代厨房。

蔡泽东宅为东南朝向，前庭院中有照壁，刻有"福"字及鱼石雕，前院是统一的火山石铺地，院大门上有丰富的木作雕

图 2-16 海口侯家大院全貌

图 2-17 海口侯家大院一排二进屋内陈设

图 2-18 海口侯家大院三排二进屋内陈设

图 2-19 海口侯家大院木雕

图 2-20 海口侯家大院屋内雕塑画

图 2-21 蔡泽东宅

图 2-22 蔡泽东宅二进屋

花。主客屋的石作属于无浆砌筑，石材加工精细；木作也相当精美，虽距今有70余年历史，但色泽依然鲜艳。中庭院是汇水庭院，象征着聚财，布置着许多水缸小品。后庭院是生活庭院，单独设有进出院门。两侧卧室采用山墙承檩和穿斗式木结构，以竖向的木柱取代横向的木梁，这样既能节省木材，又能充分发挥木料特性。

二、多进合院

海南民居在琼北地区发展，与海南当地气候、文化融合形成了一套独立运行的体系，逐渐脱胎于大陆汉族传统的合院式民居。多进合院是海南民居中的重要组成部分（图2-23）。

图2-23 多进合院鸟瞰图

（一）多进合院的聚落成因与空间特征

1. 聚落成因

琼北地区传统民居的形制与闽南民居有着密切的联系，琼北传统民居的横屋系传承闽南传统民居而来。以血缘关系为联结纽带的单姓村落，聚落为共同宗族利益、抵御外来力量的侵扰，形成密集型布局。

2. 空间特征

琼北多进合院的村落内部布局形式是典型的"篦式"，住宅以祠堂为中心，祠堂和香火堂组成"行"，"双篦式"排列形成整个"内开放、外封闭"的格局。

琼北一些人口密集的村庄，一族人或一个村子的居民聚居在一起，建筑前后正屋对着正屋，正厅对着正厅，大门对着大门，形成同心合力。但在相邻两户民居中，他们的山墙面有意错开，形成变化，前一个整齐，后一个不整齐，都是有意为之。

聚落要适应海南的气候条件，首先抗风性能要好，因此，在琼北民居中常见硬山形式屋顶。此外，海南多雨，对屋顶的防雨排水要求也很高，并且海南气候炎热，屋顶的遮阳、隔热效果也非常重要。

（二）多进合院典型聚落

（1）文昌市十八行村

十八行村位于海南文昌市会文镇，该村有着260多年的历史，是文昌市著名的侨乡。这里的村民大多为林姓，外出人员较多，家家户户都有海外华侨。村庄沿等高线呈扇形分布，是由十八处多进式合院以单篦式布局方式组成的血缘型聚落（图2-24）。

图2-24 文昌市十八行村

十八行村的整体格局特点是：坐南朝北呈辐射状扇形排列，每行多则七八户，少则二三户，为多进封闭式院落，大门及每行纵向轴线对齐，在"行"的中轴线上，每进房屋的正厅前后大门都要上下对齐，以示"同心"，整个布局呈现出内向性和聚合性。这种格局以血缘关系聚合，寓意"兄弟同心，邻里不欺"。所谓同心，是指每行屋子内住的都是由同一房分出去的兄弟辈直系亲属，而"行"与"行"的住宅间，同辈的房屋必须高度相等，以示邻里相互平等。站在正屋的庭院上看，各家各户的正厅前后大门洞开，由顶端可以一直看到底端的房子，视线非常通透。每行院落间都留有一定间距，形成村巷，是各户人家出入的主要通道。

（2）文昌市下山陈村

下山陈村位于文昌市文城镇，村庄呈长方形，占地面积约 6600 平方米。整个村落坐西南朝东北，前低后高，共四行正屋、三列横屋。整体来看，下山陈村由正屋、横屋、庭院、门楼等部分组成，所有村民的正屋和横屋统一建设，排列成行，门楼则变成全村的大门，左右有两个侧门，全村如同一座大庭院（图 2-25）。

下山陈村院落内的正屋、横屋均为清一色的青砖瓦房，高度统一，规划整齐。檐口、正屋地坪、屋脊等必须高度相等，喻示邻里相互平等。在这个大的院落里面，三排横屋夹着四行正屋，形成"三纵四横"的格局，其二十四间正屋规模形制基本相同。为了方便中间一行人家的使用，在靠近中轴线的位置修建了一

图 2-25　文昌市下山陈村鸟瞰图

排横屋，使两边正屋在空间视线上形成阻隔，且在中间一排横屋中预留了多个开敞空间，作为公共活动场所。村中正屋装潢比较讲究，屋脊上有飞翘的鸱吻饰物，内外墙上有浮雕或绘有山水和花鸟图案的等壁画。

（二）多进合院典型建筑

1. 文昌市富宅村韩家宅

韩家宅是旅居泰国的文昌富商韩钦准于 1936 年回乡所建，位于海南文昌市东阁镇宝芳办事处富宅村。韩家宅建筑既体现了中原和琼岛民居特色，又融入了南洋以及西方建筑的艺术风格，是海南侨乡建筑的典型代表（图 2-26~ 图 2-28）。

韩家宅坐北朝南，是典型单箍式布置，整体占地面积 1650 平方米，其中建筑面积 1100 平方米。整体保持传统的中轴线布局，四间正屋依次沿轴线排列，每间正屋为四房一厅，前后开门，内部各自独立又不失联系。东西两侧建有若干廊房，分别用作会客厅、库房、厨房和卫生间等。二层在主屋之间搭起一处方形纳凉

图 2-26　文昌市韩家宅偏房木雕花门

图 2-27　预制混凝土柱及清水墙

图 2-28　文昌市韩家宅四进屋内

空间和两间阁楼。

除了独特的建筑风格外，韩家宅现存的室内彩画亦值得一看，彩画以宅主韩钦准当年在泰国工厂和泰国住所的生活为主题。在横屋的门板之上，还有大量的透雕作品，雕刻了"福""贵""吉""祥"等字样，这些木雕精品无一不体现出韩家人祈求生活幸福吉祥的美好愿望。

2. 文昌市文城镇南海村陈明星宅

陈明星宅位于海南省文昌市文城镇南海乡义门二村中部，始建于20世纪初期，2012年9月被文昌市人民政府公布为文物保护单位（图2-29~图2-32）。

该宅坐东南朝西北，砖木瓦结构，硬山顶，由单纵轴线三进正屋，右侧七间横屋组成，占地面积813.82平方米。第二进

图 2-29 陈明星宅"德星第"门

图 2-30 陈明星宅一进屋

图 2-31 陈明星宅二进屋

图 2-32 陈明星宅室内照壁

正屋中堂悬挂张岳崧题"佩实含华"四字木匾，一、二进正屋铺设 20 世纪初城市大型建筑常用的红、黑、褐色地板砖。该宅多处木质构件雕刻精美，具有较浓厚的海南传统民居建筑特色，它为研究琼北地区民宅建筑提供了实物史料。

3. 文昌市会文镇陈治莲老宅

陈治莲宅位于文昌市会文镇沙港村委会义门三村（图 2-33、图 2-34），占地面积 1082.37 平方米，由陈氏两兄弟于 1919 年建成。陈治莲宅为四进正屋单横屋式院落，正屋坐西北向东南，横屋位于东北面，路门向西南。四进正屋之间设有过庭廊连接，第一进正屋使用了民居中较为罕见的插梁式构架，次间与明间之间用木梁柱加木板分隔，中间镶嵌六扇对开木门，两边为两组对开高木门，木门上半部分均

为木格栅，显得通透、美观。第三进正屋为祖屋，内设有供奉祖宗牌位的神龛。陈家宅的前院颇具特色，除路门为两层门楼外，门楼两侧还各有两小间，可以作为冲凉房。正屋正对面设置了一座罕见的大型照壁，其上有两幅大型红双喜带蝙蝠装饰的漏窗，照壁前还设置有一处小花园。

三、南洋风格民居

南洋风格是东南亚殖民文化和本土文化的综合载体。经过多年的海外漂泊，居住在南洋的华侨华人已经慢慢接受了南洋建筑文化，但他们骨子里仍然保留着中国传统文化的基因。侨民返乡建房必将融合南洋文化和中国传统文化。因此，琼北传统民居呈现出带有南洋文化印记的"南洋风格"建筑形态。

（一）南洋风格民居的成因和构造布局特征

1. 成因

琼北传统民居是主要受到来自大陆闽南地区的影响，并结合海南本土文化和气候特征等因素，形成的一个相对简洁而又低调的传统民居体系。到了近代，侨民带着资金和不同的文化理解回国建造大房子，在大量侨民的影响下，东南亚文化传入中国，对当地民居风格产生了影响。

2. 构造布局特征

南洋风格民居的基本型都建立在传统琼北民居基本型的基础之上，秉承了琼北民居的风水选址、建筑布局，发展了海外民居的装饰技巧。建筑均以 2—3 层为主。房子主要特点是中外结合，平面布局、屋

顶处理、门楼均沿用海南传统民居样式，而在正屋的连接部位、房子的外廊上均采用南洋特色的拱券，并在拱券相连的柱子上运用线条进行装饰，突出了异国的情调。

布局形式主要为单横屋（开廊）式，即只有正屋的左侧有一排横屋，右侧围墙围合，形成多进的院落布局。有些民居布

图 2-33　陈治莲宅正屋

图 2-34　陈治莲宅正屋内陈设

局上增加了过庭廊。传统民居中房屋只有一层，而南洋风格民居中出现了二层的房屋，这是南洋风格民居在传统民居基础上做出的变化。民居中的正屋、横屋、门楼都是单独建设两层楼，没有同时做成两层楼，延续了传统民居的基本型。

（二）南洋风格民居典型建筑

1. 文昌市文城镇松树村松树大屋（符家大院）

松树大屋位于海南文昌市文城镇头苑办事处玉山村委会松树下村，由符永质、符永潮和符永秩三位同胞兄弟在新加坡经商发迹后回国共同出资于 1915 年开始建造，历时三年建成。松树大屋坐东南朝西北，多进式布局，由围墙三栋正屋、八间横屋组成，另设有厅堂、廊道和天井等，共有房屋 30 余间，占地面积 1854.94 平方米。正屋均为两层钢混结构建筑，高 10 米余，明间为会客厅，两边次间为卧房，并建有两个内阳台。原每间正屋前都建有楼梯通往二楼，现已损毁。正屋之间由大拱券门连接，八间横屋均与后围墙相连，整体布局严谨。

庭园开阔，风格独特，于是得名"松

树大屋"。房屋结构精美，造型大方，多间房屋的墙壁上画有花鸟图案（图 2-35）。

松树大屋在中西合璧的整体风格上兼顾海南传统民居布局，运用了大量的东南亚风格的新材料、新技术，木雕、石雕以及灰塑等传统工艺也在松树大屋中有大量应用。建筑以黑盐木与青砖作为承重和墙体主要材料，除此还有一种文昌当地的灰浆作为黏结和饰面材料。松树大屋的排水体系也是设计的精妙之处，在阳台、连廊的平屋顶均有出水口，沿着附着在柱体之上的排水管排至天井，顺着房屋的地势流出院落。排水管外部用泥浆包裹，减缓被腐蚀的速度。松树大屋造型美观、大方，建筑高大雄伟、气度不凡，融入了东南亚文化，也体现了中国传统的建筑元素精华，是中西合璧的典范（图 2-36）。

2. 文昌市会文镇欧村林家宅

林家宅于 1932 年建成，位于海南省文昌市会文镇冠南办事处欧村，1991 年，林尤蕃的三个儿子林明湛、林明灏和林明渭又回乡对老宅门楼进行了修葺。宅院坐北朝南，位于欧村中央，两侧为花园，占地 1061.90 平方米，整个院落呈正方形，

图 2-35　松树大屋鸟瞰图

图 2-36　松树大屋局部

门楼两进正屋在一条轴线上，正门开在中轴线上，平面布局为中轴对称，是两进式双横屋院落。建筑风格融合了南洋建筑和文昌本地的传统民居建筑风格。

正屋之间设过庭廊，横屋设跑马廊飘檐。两进正屋硬山搁檩造，檩条木材均采用正宗的坤甸木。横屋内部隔墙采用了钢筋水泥材料浇筑的三角形梁作为支撑。正屋与横屋之间的跑马廊亦为钢筋混凝土的框架结构，两层门楼为钢筋混凝土框架结构，门楼造型及装饰类似南洋骑楼式小洋楼。门楼两侧，有两处圆形泥雕，由钢筋做骨架，用水泥灰浆雕刻而成，是林家宅中面积最大的灰雕。

林家宅是南洋风格融入现代建筑设计理念，与文昌传统民居文化结合，形成最为紧密、建造最为精致的南洋风格民居，是文昌近代民居中的上乘之作（图2-37 ~ 2-40）。

四、南洋风格骑楼

海南第一座骑楼建于海口四牌楼街，1849 年由从东南亚归来的琼商人修建。骑楼是一种外廊式的建筑。近代，它流行于南欧和地中海地区，并传播到东南亚。海口骑楼老街的由来，与其开放通商历史密切相关。换言之，海口成为通商口岸后，随着西方资本的进驻，海外侨民也纷纷返回海南。他们在商业投资的同时，也借鉴南洋建筑风格，建成一幢幢既可遮蔽阳光，又可躲避风雨的柱廊骑楼式建筑。

图 2-37　林家宅"双桂第"门楼

图 2-38　林家宅局部

图 2-39　林家宅左偏房局部

图 2-40　林家宅二层过庭廊

（一）南洋风格骑楼的成因和布局特征

1. 成因

骑楼西洋样式是在印度地区骑楼初步形成以后，由殖民者以马来半岛为起点传入南洋地区，再向太平洋沿岸地区传播的。海南华侨从不同的原驻地带来海外不同背景丰富的建筑形态，为海南文化底蕴注入新的生机。对外来文化包容，对建筑新技术、新工艺、精致美的接受，是海南骑楼的地域特色的亮点。

2. 布局特征

骑楼建筑形制由于手工业和个体商业的经营需要，一般为两层，部分为三层。一般前店后宅，也有下店上宅。一间紧靠一间，山墙相连，形成连续的商业街。骑楼满足规模小、多元化经营的需求，平面基本形态为窄长形，开间窄，进深长。沿纵深方向中间布置天井以利于通风采光，这种高密度利用街道的模式，有利于商业聚集，也能减少街道建设成本。

平面空间布局分为两类：

①骑楼→商铺→天井→住房（长型）。为了解决基本的通风采光问题，骑楼中间设活动天井。天井内侧设有厨房、厕所以及楼梯通向二层房间，前后由跑马廊相连。天井之后又是房间，有的作为仓库，有的作为客厅或饭厅。从平面看，二层空间基本布局与一层空间相同，商铺的上层靠前临街处一般用作卧室或货物储藏，二层楼板设活动天井，有的还作为货物垂直起吊的通道。通常一间店铺即为一户，也有联户经营从而形成大空间的商铺。

②骑楼→商铺（短型）。商铺被分隔成一大一小两个空间，不设置天井，垂直交通直接设置在商铺内，大空间作商铺，商铺后设有厨房、厕所等附属用房，小空间作客厅或者饭厅用。卧室设在二层。由于进深较短，左右两侧楼房进深较大的自然围合成一个后院，可作为作坊操作的地方或洗菜的场所。骑楼二层阳台有的设隔墙，有的则没有隔墙直接并入室内空间。有隔墙的阳台防热防噪防尘，没有隔墙的空间稍大，但防热防噪防尘效果不佳。

3. 骑楼街整体布局特征

①双面弧街。海南大多数骑楼商业街都采用双面弧街，双面弧街保证了良好的街道尺度感觉，弧街因线性流畅和动感容易形成良好的街道氛围，不仅聚集商流，也避免直接的穿街风。

②"三统一"原则。"三统一"特征是骑楼规划性的产物，是街道统一设计的证明。在良好的规划下，骑楼街道平面条理清晰整齐，人行道和车行道分界明确，人行道空间高度统一，空间连贯，具有良好的街道感。

③与渡口、港口紧密联系。因港成街，港口是琼北骑楼商业街的自发起点，骑楼商业街一般由平行港口的横街和垂直港口的纵街组成。

④临街规整、后街自由。朝街面有严格的退线控制，背街面因土地和权属、财力状况可自由确定店面进深。街区腹地肌理往往参差不齐。

⑤开间面宽基本统一协调。骑楼相邻两柱之间为"一间"，同街每间面宽大致

相当，当一户面宽过大时，考虑承重结构可设两间，因血缘关系或朋友同街相邻建设，老街上不少两间、三间或多间相连，统一面宽、进深、造型、装饰的建筑形式，既体现"个体分解"的精神，又适合个体经济的状况。

⑥巷道设置。为了方便住户，每隔一定距离设有与骑楼商业街垂直的巷道。

骑楼既有浓厚的西方建筑风格，又有南洋装饰风格，还具有印度和阿拉伯文化的影响痕迹。和我国华南、东南亚一带的骑楼不同的是，海南骑楼在窗楣、柱子、墙面、阳台、栏杆、雕饰等花样众多的装饰构件之间，有着式样数不清的中式传统浮雕、砖雕花饰，如龙凤松鹤、荷花莲藕、梅兰竹菊、回纹圈绳、福禄寿等。外墙体上细雕的花纹，如百鸟朝凤、双龙戏珠、海棠花和蜡梅等，可谓多姿多彩。

海南骑楼在立面形式上，沿用古希腊时期的经典三段式做法，分成底层柱廊、楼层、檐部女儿墙三部分。底层柱廊的开间形式包括两种。一是一户一间：底层柱廊部分一间即代表一户。二是一户三间：底层临街商店外廊柱部分呈三间四柱，立面柱廊部分与楼层上部依轴线上下对齐，这是结构需要，也是装饰需要。而骑楼顶的女儿墙是南洋风格骑楼最引人注目的特征之一，大致可分为两种：一为水平护栏，临街一面常做出挂绿釉的宝瓶栏杆；另一为变形的巴洛克式山墙，造型极丰富，墙面上部开有圆形、长圆形等形状的风洞，可大大减少风压对巴洛克山墙造成的破坏。

（二）南洋风格骑楼典型街区

1. 海口博爱路商业街

海口市博爱路是海口老城区最长的南北走向街道，宽9米，长1300米，是老城区最早的街道，街道南边的建筑以骑楼为主，为海口市老城区最繁华的商贸街。2009年6月，海口骑楼老街以其唯一性、独特性荣获首批十大"中国历史文化名街"称号（图2-41、图2-42）。

2. 文昌铺前镇胜利街骑楼

文昌市铺前镇胜利街骑楼（图2-43、图2-44）建于1895年，1903年重新规划，老街为骑楼风格，街道十字交叉为东西和南北走向，南洋风格建筑的店铺跨人行道，底层相互衔接形成自由步行的商业长廊，上百年的建造历史以及留存下来的道路肌理形成浓郁的商业环境氛围。鼎盛时期的铺前骑楼老街，南北街长约180米，拥有店铺30多间，东西街长350多米，街宽7米，两旁南洋风格骑楼130多间。沿街铺面楼顶注重装饰，阳台、花栏各具特色，尤为让人称奇的是，各建筑的立面、柱体、墙面图案、女儿墙竟无一雷同，铺前镇胜利街是海南第二大骑楼老街，规模仅次于海口骑楼老街。

3. 文昌文南老街

文南老街是海南第三大骑楼老街（图2-45），建于20世纪末，由于南洋味十足，不少电影到此取景拍摄。

在文昌老城的中心，一条街上的一幢幢别具南洋风味的建筑临文昌河而建，这就是文南老街。文南骑楼的底楼为开敞的柱廊，柱子外表大多带有简单的阴刻中式

图 2-41　海口市博爱路骑楼建筑立面

图 2-42　海口市博爱路街景（改造后）

图 2-43　铺前胜利街骑楼

图 2-44　铺前胜利街骑楼建筑立面

框纹。二楼则是极其纷繁的窗楣，壁柱上有中国传统风格的浮雕花饰。骑楼顶端的女儿墙当属骑楼最精妙的部分，丰富多变的天际线条配上具有吉祥意义的装饰图案，还有狭长的木制百叶窗，独具南洋风格。在文昌有句流传极广的俗语，即"不逛文南街就不算逛文城"，文昌这条老街在人们心目中的地位可见一斑。

4. 文昌会文镇白延墟

白延墟，位于文昌市会文镇西部，始建于明代并形成圩集。当地多生长白藤植物，故又称白藤市，后谐音称"白延市"。

白延墟大多的家庭都曾"下南洋"，故白延墟被称为"华侨之乡的华侨之乡"，也被称为"小上海""小巴黎"。从 19 世纪 20 年代开始，人们在这里建起二、三层的南洋风格的骑楼，开设繁华的商铺（图 2-46）。就在这个长不到一公里的街市，民国时期同时开设有 3 家外资银行。当年的"花旗银行"，现只剩下一根石柱及其地基，和花岗岩石板路的遗迹。当然也少不了中国银行的身影，老街的骑楼上还清晰可见"中国人民银行文昌支行"的字样（图 2-47）。

图 2-45　文昌文南老街骑楼建筑立面

图 2-46　白延墟骑楼建筑立面

图 2-47　骑楼二楼檐廊上"中国人民银行文昌支行"的字样

第三节 ： 琼西汉族民居

一、儋州客家围屋

（一）儋州客家围屋的聚落成因和空间特征

儋州客家围屋是儋州客家人颇具特色的民居（图2-48），是传承客家文化的重要载体，它充分体现了客家人高超的建筑艺术和深厚的文化内涵。

图 2-48　儋州客家围屋鸟瞰图

1. 聚落成因

海南常被称为避世之地，客家人明朝才开始迁入海南，因为入琼时间比其他民族晚，大部分都居住在海南岛西部、中部山区，也就是现在的儋州、临高、琼中、白沙等县市交界处。由于入琼的时间较晚，沿海肥沃的平原耕地早已有主，勤劳的客家人就只能开山垦荒了，或者是到西部和中部有荒田的区域，租赁土地，用以耕作和养殖。因此，海南客家人分布碎片化，且多分布于生产条件较差的区域。

2. 空间特征

儋州客家人民居形态有两种形式：一种为客家围屋，另一种为客家长横屋。选址偏好平坡地，平面布局主要成矩形，多呈直列，是一个规矩的长方形，没有弧形或圆形规模，其原因是海南客家人较少，对房间的数量及规模的要求较低，矩形的布局方式基本能够满足家族的居住与生活需求。

（二）儋州客家围屋典型聚落

儋州为海南客家人的主要聚居地，仅儋州南丰镇的客家人数就占全镇的70%，故有"客家镇"之誉。南丰镇大部分的客家人宅院受到广东、福建客家人围屋的影响，具有明显的客家围屋的特点，大规模的围屋与广东、福建客家人围屋基本无异，但小型院落的"围屋"与广东、福建客家人围屋有明显区别，结合海南岛地域特色创造性地继承和发展了客家围屋特点。小型院落的"围屋"一般排成直线，呈一个规矩的长方形。院落居住主体是长横屋，而不是在正屋，辅助用房主要为客厅、卧室、厨房等连排短横屋。长横屋（房间数量较多）及与其平行或者垂直的几处短横屋（房间数量较少，多为2~3

间）组成院落。长横屋与短横屋之间的院落为公共活动空间和交流场所，也用作晒谷场。小型院落的围屋由矮墙围合或者直接开敞于外部空间，多数未形成封闭的宅院。

（三）儋州客家围屋的平面形态及单体构成

1. 平面形态

传统客家民居的基本形制是"上五下五"中轴对称的合院式布局，一般坐北朝南，上房和下房各四间，加上中间的厅堂合称五间，左、右横屋各一至二间，中间是房子四周围合的天井，屋顶的滴水都归汇到天井中，即寓意四水归一，亦即民间讲究的"肥水不流外人田"，即聚财之意。为了适应海南光线强、气候炎热、台风频繁的气候特点，海南儋州客家围屋的墙身加厚，高度较高，具有很好的防御功能；屋面到屋顶的高度并不很高，窗户开得大，由此可见，迁徙而来的客家人当初在建房时已有充分的考虑。

2. 单体构成

儋州围屋由门楼、堂屋、横屋、照壁几个部分构成。

①门楼。通常作为防御工事，设置攻击之用的射洞及枪孔，楼体较高，从围屋内部可登上门楼。

②堂屋。正堂屋内供奉祖先，并向内院敞开，墙檐装饰木雕或彩绘，日常也做村民的聚会场所。两侧房间则居住家中长者及长子。下堂屋通向围屋外界，两侧也为住房。权势富贵人家会在下堂屋设置隔扇。

③横屋。与正屋一起围合成天井，横屋用于居住，门窗均饰有彩绘或木雕。横屋的尺度较小，若围屋有多进院落，横屋会进一步缩小以留出交通的空间。

④照壁。规模较大的围屋会建有照壁，通常书"福""寿"字样，图案精美。

（四）儋州客家围屋典型建筑

（1）海雅林氏民居

海雅林氏民居位于儋州市南丰镇武教村委会海雅村，属客家围屋（图2-49），占地面积387.28平方米，系林氏先祖于清咸丰十年（1860年）购下南丰镇海雅村场建成，至今已有八代人。民居为砖木结构，坐西北向东南，由堂屋和二横屋组成，面宽30米，进深18米，民居依坡而建，前低后高，门楼高耸，门楼内有枪眼防卫，所有的墙皆是由青砖砌成，牢固又结实，门前为禾坪，正堂屋为主体建筑，以敞堂为中轴线，轴线上分别布置供奉先祖的上敞堂，又被称祖公堂，也是林氏家族日常议事的场所。民居内的彩绘图案保存较为完整，院内的雕塑彩绘随处可见，充满了寓意福、禄、寿、喜的吉祥文化图案，无不表现了汉移民的文化（图2-50～图2-52）。2012年，该处被儋州市

图2-49　林氏围屋

图 2-50　林氏围屋内陈设

图 2-51　林氏围屋墙壁雕塑彩绘

图 2-52　林氏围屋局部

人民政府列为市级文物保护单位。

（2）钟鹰扬旧居

钟鹰扬旧居位于儋州市南丰镇陶江村委会深田一队。为清代四品昭武都尉钟鹰扬（1856—1911）所建，旧居坐西北向东南，整个建筑平面近长方形，布局比较规整，面宽40.2米，进深20米，占地面积895.31平方米。主要是由堂屋、二横屋和门楼等组成，建筑都为砖木结构，硬山式屋顶，并建有围墙。

旧居依山而建，前低后高。民宅以上敞堂为中轴线，轴线上布置晒场、下敞堂、天井及上敞堂，突出中轴堂屋，蔚为壮观。晒场东南布置有泥砖墙砌筑的影壁，主体建筑采用泥砖墙抹灰形式，外表抹灰，门口处贴设对联，木质承重结构外露，面向晒场的山墙采用大幅水式山墙形式，开窗较少。建筑内部檐下及窗洞处均采用灰塑彩绘进行装饰，天井内部使用彩色构件进行装饰。门楼前设有照壁和半月形的池塘。现旧居保存较好，堂屋和右横屋还保存着原来的建筑风貌，上敞堂仍然供奉着钟氏家族祖宗牌位，仅左横屋于1996年进行了一定程度的维修，但其结构大体上没有改变（图2-53、图2-54）。

二、军屯民居

军屯民居是儋州市西北部地区独有的民居形式，主要是古代中原地区军人为在当地繁衍生息而建造军卫所，其院落呈现出典型的中原四合院布局形式特征。体现军屯人思乡之情。

图 2-53　钟鹰扬围屋

图 2-54　钟鹰扬围屋正屋局部

（一）军屯民居的聚落成因和空间特征

1. 聚落成因

军屯民居聚落主要分布在四个镇：中和镇、那大镇、王五镇和长坡镇（长坡镇现并入东成镇）。

那大镇是平原地区通向中部山区的重要通道，亦是军队守护平原腹地、控制山地黎民的桥头堡，必然驻扎有一定数量的官兵。军屯民居类型的村落居民主要为古代来自中原地区的军人在当地屯扎、繁衍的后代，其具有较强的封建礼制、中庸思想，方言为军话，同时饮食文化具有较强的中原特征。而在建筑上，则通过建筑围合庭院呈现合院形式，通常为四合院或组合院落。

为了能保证应对军事活动，又能兼顾屯田生产，军屯民居聚落的另一个重要选址考虑因素就是"屯"，即屯田。军队的屯田以军事节点为圆心向周边分散扩展。从语言方面进行验证，军屯人都有一个共同点，即他们都会讲"军语"，而军屯民居聚落的分布基本与操军语的区域在空间分布上重叠，在儋州市内的中和镇、王五镇现存一定数量的军屯民居建筑。

2. 空间特征

军屯民居有明确的轴线，功能布局也遵循礼制建城的思想，相对简单的军屯村落则将礼制体现在家庭单元内，即严格依照尊卑次序进行建筑空间布局。较为高级的军屯民居聚落，如历史名镇中和镇中分布的军屯民居，沿承了《考工记·匠人》中提出的礼制秩序，从规划布局和营建制度两个方面来强化城邑建设。

军屯民居聚落一般分布在平缓的台地低山地区，整体的建筑群体布局顺应地形地势，不仅减少了土方工程，还满足了礼制建设地势高低有别的需求。基于海南闷热的气候条件，聚落的整体建筑布局不再死板地局限于正南正北的布局，而是巧妙地结合当地主导风向布局建筑，建筑优先考虑排水通风，朝向多面向水体或者低洼处，这样的布局更易排出雨天的积水，保持环境的干爽；同时在聚落空间中积极引入植被、水体，构建出人与自然和谐相处的良好生活环境。可以说，军屯民居聚落在继承了中原民居聚落空间布局思想的基础上，结合海南当地的地质与气候条件，生成了一个新的民居类型。

（二）军屯民居的平面形态和单体构成

1. 平面形态

独立的一个军屯民居单元通常会由建筑通过组合构成合院形式的平面空间形态，具有强烈的中原特征。军屯民居结构上以四合院或组合院落为主，坐南朝北，主要由路门、上下堂屋、横屋、杂物间等构成，依据家庭单元的大小，构成的元素多少可重复组合。

路门通常设置在宅基地地势较低的位置，由路门进入，有的人家会设置照壁，有的则直接进入内部的院落空间。院落的尊位布置前堂，一般地势较高，朝向通风条件较好。院落对外封闭，对内却是一个开敞的家庭公共空间。军屯民居少有建设厢房，或因采光通风需要，极少设置，前堂的左右一般为横屋，横屋通常用作厨房和杂物间。由前堂后寝和横屋围合出来的院落，通常在四角会有小型的院子，会用来饲养禽畜和种植简单的蔬菜。整体平面布局体现了较为严谨的对称原则，是古代人讲究中庸、和谐、不偏不倚、统一完美的体现。

2. 单体构成

①路门。是进入军屯民居的第一道门，与院墙相连，门匾饰有家族起源的牌匾，通过踏步进入民居内部，门口通常饰有砖雕或木雕。

②堂屋。堂屋中的上堂屋为军屯民居中最重要的单体，修建在宅基地中地势较高一侧，坐南朝北，木架砖墙灰瓦。堂屋墙面通常施以色彩或材质区别于房屋其他部分，如墙体漆彩，贴琉璃砖，贴火山岩等，室内用隔板划分为三间，开窗较少，中间用于祭祀供奉先祖，左右房间则供家中长者及长子居住；下堂屋除可供次子居住，通常还兼具客厅功能。

③横屋。横屋通常用作厨房、杂物间，厨房大多设置为开放式，并设置镂空的花墙，利于室内空气的循环，部分人家设置木隔板，在日常不使用时将厨房隔开。做杂物间使用的横屋墙体基本不开洞，用来储藏柴火等物品。

（三）军屯民居典型聚落

王五镇位于儋州市西部台地地区，镇内分布大量形制完整的军屯民居建筑，空间格局完整，具有极高的代表性。王五镇老区的街巷基本为南北走向，且大部分道路为丁字相交，街巷的末端通常为鱼骨状，其中前进街市为东西向的轴线布置。王五镇内的军屯民居在有限的建设空间内变换出了多样的民居布局形式：房屋朝向基本相同，且几乎户户都有庭院，院落的布局也结合基地条件和街巷、周边民居环境进行布置，空间利用紧凑高效。从平面上看，既有以一间堂屋为中轴线对称布局的形式，也有一户民居内多条轴线组合而成的布局方式。外观上，显得朴实低调，青砖砌墙，砖块颜色偏土灰色，砖块堆砌的形式通常为平铺，一般的房屋采用淌白砌法，前堂则会采用丝缝砌法，且通常对墙体进行抹灰、粉刷处理。局部的墙体或檐柱还会使用火山岩材质的建材。屋顶几乎无装饰，屋脊平直简朴，不设装饰，瓦片通常也为灰瓦，不设瓦头和滴水，仅使用黏土等材料加固，体现出军人简朴干练的特点。

（四）军屯民居典型建筑

1.儋州王五镇陈玉金宅

陈玉金宅位于儋州市王五镇王五村子安巷，于清末民国初兴建，占地面积503.65平方米（图2-55~图2-57）。该民宅坐南朝北，为四进三横屋合院形式，青砖实墙，青灰瓦屋面，穿斗式木结构。平面布局以主屋为中轴线展开布局，每进院落均呈现规整的合院形态。民宅庭院内有一口水井，并栽植一棵小乔木。整座民居尺度较小，空间宜人，对开的各房间大门促进了民居内部微气候的改善，非常适宜当地干燥炎热的气候条件。

民宅内檐部施以灰塑彩绘，图案为花草、飞禽与蛟，寓意祥瑞。民宅内木质窗格及门板风格简约，花心处雕刻竹样柱，绦环板雕花果飞禽，寓意人丁兴旺，事业顺达。院内地面铺设平砖，显得整洁清爽。

2.儋州王五镇谢帮约宅

谢帮约宅位于儋州市王五镇王五村，于清朝晚期兴建。民宅平面布局呈现规则、典型的四合院形式，占地面积318.4平方米。该民居坐南朝北，为典型的四合院形式组合院落民宅，两进两横屋形式，青砖实墙抹灰，穿斗式木结构。院内实墙采用火山石垒砌而成，现仍然保存完好（图2-58、图2-59）。

图 2-55　陈玉金宅鸟瞰图

图 2-56　陈玉金宅第一进屋和第二进屋之间的庭院

图 2-57　陈玉金宅屋内陈设

谢宅路门位于民居侧边，为结合地势高低而设置，门匾上书"宝树家风"字样（图2-60），路门两级踏步进入民居内部，正对路门处设置一影壁，墙面灰塑彩绘，门口饰以对联，入门小院落内布置有一口水井。内部院落通过地面铺砖方式的变化，强调功能空间的变化及庭院的围合感。该民宅建筑尺度均较小，布局上紧凑集约，私密性极强。而较小的空间尺度也避免了过多的阳光直晒，有效地改善了民宅内的微气候，使得住宅适宜居住。

图2-59 谢帮约宅内架子床

图2-58 谢帮约宅屋内陈设

图2-60 "宝树家风"牌匾

思考与实训

1. 总结疍家渔排的结构特点并浅析疍家渔排流传至今的原因。

2. 火山石民居和多进合院在形制上有怎样的相同点及不同点？

3. 南洋风格民居和南洋风格骑楼在形制、营造工艺以及装饰上有什么不同？

第三章

海南黎、苗、回族民居

第一节 ┊ 黎族、苗族民居

一、黎族、苗族民居的聚落成因和空间特征

（一）聚落成因

1. 聚落选址

海南黎族和苗族多选择山地险峻处的山谷聚居。他们防卫意识较强，择水而居，并在周围树林茂密、安全隐秘的高山或山间盆地之中，建造营寨，称"黎苗寨"。

黎族、苗族村落区域选址原则可以归纳为五点：第一，背靠山林。村落背靠山脉和丘陵坡地，在山下相对平缓的开阔地带建造，依山就势有利于生产生活，在有效防台风袭击的同时方便取材用木，而且在周围狩猎足以提供日常生活的基本需求。第二，有山涧泉水的地方。自然的山泉小溪流水方便就近饮用、农田灌溉及捕捞鱼类等。但由于雨季和地质灾害的影响，过于靠近会受到威胁，因此临水但不近水；第三，土地肥沃利于耕种，靠近水田耕地。村址靠近农田等平缓坡地，便于耕种劳作；第四，趋吉避害，清净辟邪。避免传说中鬼魅出没的地方，选择阳多阴少的吉地；第五，生产安全。利于保护农作物，保障耕种生产安全，避开野兽活动

范围。

2. 聚落的规模及分布

黎族、苗族村落都择水而居，并选址于山区盆地和峡谷平坦之地，但规模大小不一，小村居多。由于河网水系呈独特的放射状水系，以此分割黎族、苗族的村庄，加之河流季节变化悬殊，耕地的范围受水位变化影响明显，且黎、苗族民居简单的生产工具对耕地改造能力小，因此黎族、苗族村落往往分布较散（图3-1）。

图3-1　20世纪80年代苗族茅草房村落

纵向式聚落顺应自然地形条件分布，平行于等高线或河流滩地边界等，建筑单体以船形屋和金字屋为基本要素，以线形方式带状生长拓展。

横向式船形屋是居住形式汉化的结果，以此为主体的聚落存在三种情况：一

图 3-2　20 世纪 80 年代东方江边俄查村

是以单个建筑单体为基本要素，结合自然条件呈线形带状生长或自由生长拓展，与纵向型茅草屋聚落相似，所有船形屋朝向统一；二是院落式布局，受汉族院落式围合居住方式的影响，以院落为居住单元；三是组合联排式布局，以横向式船形屋和金字屋为单元，连接山墙进行联排式组合布局，前后相接拓展形成多排。受到汉族聚落联排行列式聚居影响，黎族、苗族聚落中横向联排行列式布局较少（图 3-2、图 3-3）。

（二）空间特征

1. 传统聚落的空间形态

黎族、苗族传统聚落规模较小，质朴简单。围绕山林、溪河等形成的边界清晰的居住领地，由环村林带、

图 3-3　20 世纪 80 年代苗族金字茅草屋

谷仓、牛栏、猪舍、寮房、环村石墙或竹篱等构成要素组成，在村落入口设土地庙，村外为稻田和菜地。

环村林带在各个黎、苗村中的布置方式基本相同；谷仓在有些聚落中分散分布，紧邻各家住宅，也有些集中布置在村落中一处的情况。明确的边界、简单质朴的构成和相对自由的内部空间是黎、苗传统聚落总体特点。

（1）边界空间

在黎、苗人心目中边界清晰的固定领域尤为重要。他们通常选取明确的自然要素，如河流、山脊等界定领地。并采用村口植树、竖碑、埋牛角、砌石等方式标示边界。部分的黎族、苗族聚落以古树（大多以古榕树）作为村落入口标示。黎、苗族村村口栽植的大榕树是表现生命力旺盛的吉祥象征，村入口供奉土地神，逢年过节村民一起祭祀土地神。

（2）内部空间

黎族、苗族村落内部空间为茅草屋（或船形屋、金字屋）、寮房、谷仓、圈养栏、晾晒架等。按功能分区分为居住空间、储藏空间、圈养种植空间、晾晒空间、道路空间、活动广场空间等。黎族、苗族村落主要的居住空间以茅草屋（或船形屋、金字屋）为主体。寮房作为当年黎族未婚青年约会的空间分散布置在村头、寨尾等。黎族、苗族对粮食视如生命，谷仓是专门用来保护粮食安全的储藏空间。依据聚落不同，谷仓设置位置也有所不同，且谷仓相对独立，有集中设置，也有分散设置。黎族人在住宅旁边围合简易围栏圈养动物，有意识地圈养猪、鸡等家禽家畜以满足生活所需。牛栏安排在村边较低洼的地方，有的利用船形屋侧檐或杆栏，有的利用吊脚楼底层设围栏形成圈养空间。此外，人们多在自家居住房屋周边安排日常所吃蔬菜的种植空间，方便采摘。晾晒架大多集中建造在公共广场旁边便于村民集中晾晒谷物，后来在合亩制解体之后开始以家庭为单位进行小规模晾

晒。黎族、苗族村落的道路空间是随着村落建筑延伸生长而逐步形成的。内部道路顺应地形，在河水、溪流、山川的导向作用下，根据建筑排列和人的生产活动、生活需要延伸扩展而成。最后，黎族、苗族村落中央预留地域作活动广场空间，以歌舞为主要方式表达对自然的敬畏以及祭祀神灵。

2. 传统聚落的空间特点

从聚落构成的要素和空间布局来看，黎族、苗族聚落有四个特点：一是建筑类型原生原真。对自然仅简单利用，建筑用材均就近取材，如茅草屋顶、黏土墙、原生竹木支撑等。二是步行系统简单。聚落步行系统依自然山川、谷地形成，交通行为简单，路面无适应性改造。三是保障防御空间集中。以谷仓为主要粮食储存空间，村内环村林地种植竹木，石砌矮墙显边界，增强村民领地防御意识；四是辅助功能空间自由、松散。在组织公共空间上，有明显的"以谷仓为中心，统一方向布局，集中设置看护"的特点。

总而言之，黎族、苗族聚落在公共空间布局中有黎人、苗人原始自发的理性，在个人私密性空间布局中有原真自由的感性。聚落原生原真空间形态对外表现出整体性、紧凑性和质朴秩序感，而对内则表现出松散性、自由性和致用无序感。

3. 聚落形态特点

聚落平面形态布局主要指聚落构成要素的平面布局方式。"一"字形船形屋成为聚落基本的建构单元。船形屋按"一"字排开，联排成行平行排列，相互分开或

相互平行，院落式布局较少，聚落自由式布局，局部呈现规则式布局。

　　黎族、苗族聚落顺应自然地形，聚落建筑布局趋于一种整体、有序的空间布局形态，依托自然地形的条件来实现追求一种建筑布局的合理性。如黎族、苗族聚落临河居住，船形屋（图3-4）依河流方向布置在河滩河岸开阔地上，呈带状排列。建筑之间出现平行河岸排列方式，整体呈带状，秩序井然。黎族、苗族的村落坐落于山腰，顺应山势走向，依山而建，由于村落随着山势高差而逐级变化，从整体上看，便出现高低错落、层次变化丰富的聚落景观，而这种沿山体布置方式是依托自然地形创造的结果，也是人与自然融合的产物。

（三）黎族、苗族民居典型聚落

　　1. 东方市江边乡白查村

　　海南省东方市江边乡白查村（图3-5），四面环山，地势开阔，是典型的黎族传统村落。白查村的茅草房犹如一艘艘倒扣的船，村民习惯称之为"船形屋"，村民还在使用原汁原味的独木器具，遵循原始的生活方式，并保留着古老的织锦工

艺和黎族古老的建筑技艺。白查村现存船形屋是黎族优秀建筑技艺的载体，白查村是海南船形屋保存得最完整的自然村落之一。2008年，该村船形屋被列入国家非物质文化遗产保护名录。

　　白查村外围环村种植椰树、槟榔，外围环村林带明确界定了村落的界限。村落仍然在中央保留了一处公共活动空间，为村民节庆、聚会的场所。村里东南边集中地安置谷仓，与居住建筑完全分离。谷仓底层悬空，石砌垫底便于防潮、防鼠；地板糊一层约4厘米厚的泥，谷仓内外用黏土和泥加少量草筋糊一层，起到防水密封作用；以茅草盖顶，用于防雨。白查村还有一种建在村头村尾的小房子叫"隆闺"，是成年男女约会的场所。"隆闺"一般地处山林，多远在偏僻寂静之处。白查村的船形屋建筑存在两种朝向，数量基本相当，相互垂直，建筑排列顺应地形。白查村茅草船形屋以地面为基底，屋盖为半圆筒形，呈"一"字形，茅檐低矮，有利于防雨防风（图3-6）。

　　2. 东方市江边乡俄查村

　　俄查村位于东方市东南面，俄查村船

图3-4　黎族船形屋

图3-5　白查村船形屋鸟瞰图

图 3-6 白查村船形屋

图 3-7 俄查村现存的传统船形屋

形屋的平面纵方向呈长方形，船形屋支撑结构为竹木构架，拱形的人字屋顶盖着厚厚的芭草或葵叶，用藤条构架捆扎成形，屋顶几乎一直延伸到地面，从远处看，屋子犹如一艘倒扣的船（图 3-7）。

俄查村的船形屋屋顶为圆拱造型，两边延伸到地面，有利于抵抗台风的侵袭和防止雨水渗漏，底层架空的结构则起到了防湿、防潮、防雨、通风的作用。船形屋屋内不隔间，由前廊和居室两部分组成，房屋不开窗户。

除了居住用的船形屋，谷仓也是每户俄查村人都会搭建用以存放稻谷的小型船形屋。谷仓的建造用料颇为讲究，整个框架都是用花梨木制成的，木材也多选用防虫蛀的坡垒、子京等珍贵木材。谷仓有大有小，谷仓底部用石头铺平，然后压上一层结实的木条，木条上再铺一层用竹片编织的网格状竹席，最后用新鲜牛粪与草木灰搅拌成糊状涂于仓底压实以防虫蛀。谷仓不开窗户，只对开两个小门，便于存取谷物和使空气对流。俄查村重视宗教祭祀，有自己的图腾崇拜，还有巫师为当地村民祈福免灾、驱魔除鬼。

3. 保亭县加茂镇毛林村

毛林村周边环境良好，紧靠 665 县道，响水河从西南边流过。地处丘陵地区，梯田高低不平且不连成片，水田面积小。

毛林村由两个自然村组成，一个陈姓村和一个黄姓村，每个自然村由纯姓族人组成，因族姓不同，两村建筑朝向不同，陈姓建筑坐北朝南，黄姓建筑坐东朝西。在 20 世纪 60 年代，此地受汉文化传统影响，按汉族建筑，盖金字形土坯瓦房，每家三间。

4. 五指山市毛阳镇番满村

番满村位于五指山腹地，四面环山，居住分散，全部保留船形屋居住方式。集中迁居后，建筑依地形而建造，分布较自由。谷仓分散建设置于村边，未集中建造，村落设有男女寮房各一间，村口有小石庙。船形屋房子地面为防潮采用藤编地板悬空布置，离地面 1 尺左右，屋内卧室和厨房等空间未进行分隔。房子两端开门，没有窗户，屋檐外伸较宽，形成门廊，作为入口，也作休息、堆放杂物、劈柴等活动场所。

二、黎族、苗族民居类型

（一）船形屋

船形屋是海南黎族、苗族最古老的民居形式，关于船形屋，有着许多动人的传说。相传丹雅公主的船漂洋过海，历经劫难，终于在一个荒岛也就是今日所称的海南岛岸边搁浅。丹雅公主后来定居荒岛，她竖起几根木桩，与自然融合，与海相伴，把小船倒扣在木桩上当屋顶，割下茅草当盖顶，可以躲避风雨，这是船形屋的雏形。黎族后人为了纪念先祖便模仿船的样子，对船形屋构造技术和围护结构不断改良，最后形成了今天的船形屋。

船形屋按功能又分为三种：居室、隆闺和辅助用房。其中"隆闺"在黎语中大意是"不设灶的房子"。辅助用房包括谷仓、土地公庙、竹楼、晒谷场、晾谷架、牲畜圈和山寮房。

船形屋按构造分为干栏式船形屋和落地式船形屋两种。其中，干栏式船形屋按围合围栏的高低又分为高栏和低栏两种类型：高栏船形屋一般建在山坡上，在山坡上垂直等高线布置，形成底层架空结构，上面住人，下面养牲畜、存放生产工具，居住面由柱子架空，离地 1.6~2 米（图3-8）。低栏船形屋居住面底层架空但底层空间高度较低，由前庭、居室和后部杂用房三部分组成，建筑呈纵深方向布置，"低栏"的底层一般在离地 0.3~0.5 米左右处（图3-9）。

落地式船形屋也就是直接在平地上建造船形屋。为降低雨水和台风的侵害，其顶盖两侧都是一直弯贴到地，顶盖与檐墙合而为一。其平面沿纵向呈方形，由前廊和居室两部分组成（图3-10）。

（二）金字屋

海南黎族人在建筑的形制上汲取了汉族金字形的建筑形式特征，兼在汉族建筑的构造技术、结构用材以及选址择居上结合实际地域情况进行学习与改用。独具海南地域风格的黎族金字屋主要分布在黎族聚居或黎、汉族杂居的海南中西部山区。

金字屋平面呈长方形，在屋顶方面，受汉族两坡硬山顶启发用金字顶代替圆拱形的船形顶，并改成前面檐墙进出，将前后的檐墙砌得更高。檐墙上设置门窗，改善了建筑内部的采光。金字屋按平面构成可分为单开间平面和双开间平面、三开间平面、院落式平面。

①单开间平面。这种平面一般由居室与门廊组成。居室的面积有大有小，依据家庭经济状况及人口多少而定，平面可分为矩形与 L 形两种，日常生活都在居室内进行。居住功能没有细化，室内没有分隔，居室内显得窄小、局促。有的单开间平面，将厨房部分移出室外。

②双开间平面。这种平面一般由门廊、厅堂和卧房组成。厅堂作为全家日常活动的场所，也包括厨房在内。卧房即为卧室，其面积要比厅小，卧室存放家里较贵重的物品。有的双开间平面也将厨房部分移出室外，在房子的边上搭盖小间

图 3-8　高栏船形屋

图 3-9　低栏船形屋

图 3-10　落地式船形屋

厨房。

③三开间平面。这种平面一般由门廊、厅堂和三开间组成。厨房部分与厅堂卧室分离，门廊的一端或三开间的一旁另建一间厨房。

④院落式平面。院落式平面是从横向式住宅发展而来的。随着家庭经济收入的增长、人口的增加，以及孩子大了有分家立户的需要，居住需求增多，原有住房不够时，便在原有住房旁边另立门户，在两幢房之间构成"L"形空间，两边用竹子或树枝编织篱笆围合形成一个院子。作为晒谷，堆放农具、杂物和交流纳凉的场所，有的也在院落里种菜养花。

三、金字屋典型

1. 昌江王下乡洪水村金字屋

从明代开始，就有黎族居民在洪水村聚居（图 3-11）。洪水村是海南黎族文化保留较完整的一个村落，位于海南昌江县王下乡霸王岭山间盆地之中，土壤肥沃，依山傍水。这里有昌江县保护较为完好、集中的黎族金字形茅草屋 150 间。黎族茅草屋属传统竹木结构，山墙形式金字，故称金字茅草屋，也叫金字船形屋。洪水村金字形茅草屋保存完整，堪称黎族传统文化的活化石（图 3-12～图 3-14）。

洪水村沿着洪水古河道两侧分布，四周环山，房屋沿河道两侧并列排布，村落旁有适合种植水稻的大面积平地，村落整体布局紧凑，屋与屋间距较小，形成狭小支巷。

图 3-11　昌江王下乡洪水村金字屋鸟瞰图

图 3-12　洪水村金字屋

图 3-13　洪水村金字屋内右侧局部

图 3-14　洪水村金字屋内左侧局部

2. 五指山市毛阳镇初保村金字屋

初保村依山而建，村前有潺潺流水和层层梯田，全村全部住在极富黎族特色的干栏式楼房里，是区别于海南其他黎族船形屋村落的一个特例（图 3-15）。

图 3-15　初保村金字屋村落

初保村的房屋四壁均为木板结构，空间大小和分割略有不同，顶部是茅草材料盖被，金字屋顶茅檐一直披到离地不足1 米的地方，四周廊檐很低，行人难以通过。平面为五房一厅的布局，屋内长约 10米、宽约 5 米，从左向右分别为前后 2 个小房、1 个厅堂、前后 2 个小房和 1 个大

房，父母住在靠右侧的大房里，小房是子女们住的；整座房屋没有开窗，屋内的 2个小房开有小门，正面靠前的小房、厅堂和大房共开 4 个大门。屋内光线昏暗，通风条件较差（图 3-16、图 3-17）。

图 3-16　初保村金字屋

图 3-17　初保村谷仓

初保村现有的金字形茅草屋是黎族传统民居建筑智慧的体现，记录着黎族从"船形屋"向"金字屋"演变的轨迹，具有宝贵的历史研究价值。

第二节 ┊ 回族民居

一、回族民居的发展沿革

（一）成因与分布

海南回族先民主体是宋元两代从越南占城入居的伊斯兰教信徒和唐宋时期入华经商的阿拉伯、波斯蕃客。

海南回族分布在三亚市羊栏镇及三亚周边地域，其中主要分布在海南三亚市凤凰镇的回新村和回辉村，约有10000人。

三亚回新村和回辉村回族为适应旅游经济发展，将原来民居聚落按村镇制定的规划进行建设，村落布局以清真寺为圆心，呈环状分布。

（二）早期的住房

海南回族早期住的是什么房子？成书于清代的《古今图书集成》一书有所记载："居外因地逼海滨，时虞飓风。公私室不其高美，民舍多用茅茨，官署亦沿其陋。近海者常委海涛淹掩，附黎者亦效栖峒巢外。即绅士之家概不尚华饰，惟取完固而已。"其中所说的"茅茨"，指的是以茅草为房顶盖的茅草房，墙是用木材搭建而成，外涂以泥，这种茅草房一直到20世纪80年代仍存；其中所说的"效栖峒巢外"，指的是仿效黎族所建的"干栏"式住房。这种干栏式建筑是黎族人民历史上

普遍采用的住房形式，也是东南亚热带生物圈内的古代民族普遍采用的住房形式，它有避湿热瘴疠、防毒虫蚊蚋的功能。干栏有高栏和低栏之分，高栏上面住人，下养牲畜；低栏下不养牲畜。这在我国的古籍中多有记载。海南回族因为居于海边，极易受到台风的侵袭，高栏住房是不利于抵御台风的，故他们早期居住的"干栏"式住房为低栏住房似更符合逻辑与实际。而对有钱的回族绅士之家的住房，史料中只有"不尚华饰，惟取完固"八字，没有详细的交代。而清代编纂的《崖州志》一书，为我们提供了当时崖州富户的住房记载："富家营一室两房，栋住四行。中两行嵌以薄板，余黎以砖。所构材料，选用格木，坚重细腻，最为耐久。其制，中为正室，左右为旁室，两相对向。有三合、四合之名。不尚楼阁，惟取完固而已"。这段记载讲的是当时崖州一般富户的住房形式，并不特指回族富户，但鉴于一地的住房往往有互相模仿、互相影响的普遍规律，估计当时回族富户的住房形式应与此相类似。

以上材料为我们讲了海南回族早期住房的一般情况：由于地近海滨、时有飓风

侵袭，故大都住的是低矮的茅草屋；也有仿效黎族的干栏式住房；少数富户住的是砖木结构的、颇为坚固的平房。

（三）当代的民居

20世纪80年代，最先富裕起来的一部分回族人盖起了二层小楼（图3-18），式样与当地汉族的二层楼无甚差别，没有伊斯兰建筑的风格。90年代以后，随着海南建省和三亚市的大开发，海南回族的经济迅猛发展，人民收入大幅度增加，对外交往大大增多，他们的住房条件也开始改善，一幢幢风格独特的小楼拔地而起。到了1997年，海南回族的居住条件已得到了根本性的改善，所有的家庭都住上了砖瓦平房或楼房，其中楼房和框架结构的平房占到了71.4%，人均居住面积达到了19平方米。

如今海南回族的住房，大都具有伊斯兰建筑风格，楼房多有拱北（顶）、尖塔或柱廊等装饰；在正门的上方，往往镶有"真主至大"几个中文或阿文的大字（图3-19）。家家户户都有用砖、竹篱笆或铁栅栏围成的庭院，院内一般都种有菠萝蜜树、椰树、槟榔树和番石榴树等热带树木，有的庭院内还栽种有各种奇花异草，还有的人家在庭院中种植蔬菜。总而言之，家家户户的庭院里都呈现出一派绿荫遮蔽、郁郁葱葱的景象。住房的装饰色彩一般为宁静而富有生气的绿色、纯洁而明亮的白色、淡雅而舒缓的蓝色等。

海南回族民居中，往往绘有装饰用的图案和图画，这些图案和图画一般都是几何图形、植物图案或阿文书法（图3-20、图3-21），没有人或动物的图像出现。因为伊斯兰教是反对偶像崇拜的宗教，按照伊斯兰教的解释，真主是无似像、无如何、无比、无样的，因此真主本身是不能用任何形象图案来描绘、来表现的。除此之外，为了避免任何的偶像崇拜之嫌，伊斯兰教明确规定了不准任何形式的人或动物的图像出现。因此，伊斯兰教的偶像崇拜禁忌，决定了在回族的民居中不会出现人或动物的图像。笔者在调查中发现，绝大部分民居的装饰图案确实没有人或动物的图像，但在个别人家房子装饰用的瓷砖上偶尔也能见到鹤等动物的形象，一问才

图3-18 20世纪90年代后的海南回族民居

图3-19 回族早期所盖楼房正门上方镶嵌的"真主至大"四个大字

图 3-20　回族早期所盖平房正门上方的阿文字幅

图 3-21　回族家中大厅里悬挂的阿文书法作品

知这种房子一般住的都是老年人，文化程度比较低，对伊斯兰文化的理解有限，他们用来装饰房子的有动物图象的瓷砖都是从汉族商人手中买的。

二、回族民居的形制与工艺

（一）建筑形制

三亚回族住宅造型均沿袭伊斯兰建筑风格，正门墙外都镌刻有阿拉伯文书写的"平安"横匾。

建筑形状上继承了伊斯兰建筑形制，不管是平面布局、空间布局还是建筑外立面造型及装饰上均表现出了伊斯兰奇妙、神秘的建筑风格。虽然在海南伊斯兰建筑中很难出现海南的地域性特征，但建筑在整体布局（整体布局呈规整的街道式布局）、空间布局上都充分适应了海南的地域气候和地形。

回族民居大体上与相邻的汉族民居相似，主要选择南北朝向，多以金字形砖瓦屋为主，但外形轮廓及室内布置仍然保有浓厚的伊斯兰教建筑形式和装饰风格，比如，弧形的窗户和凹廊，每家庭院内都设有水井，客厅中常挂有反映伊斯兰文化的图画。

（二）建筑营造工艺

海南回族民居通常使用的建筑材料有砖、木材、瓦、竹材和混凝土空心砖等。这些材料中既有天然的也有人工的，体现了海南回族民居建筑材料的丰富性、地域性和技术性。

砖是海南回族民居中主要的建筑材料，具有较好的抗压性和耐久性，主要用作墙体、围墙、屋脊的压顶、女儿墙以及地面的铺装等；木材在海南回族民居中主要用作正梁、檩条、椽子、柱、屏风、屋心墙、额枋、门窗以及装饰构件；瓦是回族民居屋顶的主要建筑材料，是建筑的主要防雨排水材料，也承载着海南几千年的建筑文化。

建筑构架主要由风头墙和屋心墙共同组成，是房屋的主要承重结构。屋心墙一般为抬梁式、穿斗式和局部抬梁式的木构架，由木立柱、穿枋、木隔板及连接构件组成；风头墙是砖石砌筑的实体墙体，具有很好的承重和遮风挡雨性能；檩条直接搁置在风头墙的山墙和屋心墙的立柱上，称"搁檩造"，构造简单，结构牢实。中间木构外面实体墙的建筑构架形式不同于其他单纯的木构或实体墙结构，该建筑构架是一种互补完整的构架类型，建筑具有较大的刚度和强度。

连接方式主要为榫卯连接，继承和发扬了中国古建筑的精髓。榫卯连接就像人体骨骼之间的连接，具有很好的柔韧性，允许一定程度的变形，能够很好地吸收和消耗地震或台风的作用力，保证建筑的安全，即"墙倒屋不塌"。

海南回族民居建筑构造还体现了整体性，建筑构造体系中的横梁、檩条、子、穿枋等构件，无论哪坏了都可以单独进行替换或增加，确保房屋的整体性；或者，如果构造中的某个结构坏了也不会对房屋造成破坏，因为该建筑构造是一个完整的体系，是由整个体系构建而成的。

思考与实训

1. 海南黎族和苗族的聚落选址特征有哪些?

2. 参照船形屋和金字屋村落的聚落形态和空间特点，对你身边熟悉的村庄提出规划改进设想，并说明理由。

3. 赏析回族建筑中的装饰图案，并设计绘制一个新的带有回族元素符号的图案。

第四章

海南民俗文化

建筑

第一节 ｜ 学宫、书院

　　学宫、书院是中国古代教育机构，是一种教育组织形式，也是一个包括多层次教育内容的综合体系。学宫、书院作为一种儒家文化的载体，积累了强大的学术力量，再通过祭祀、会讲、藏书、学术交流等一系列方式传播，实现开启民智、化育人生的目的，从而提高国民素质。

一、琼州府学宫（琼山孔庙）

　　琼州府学宫是海南第一所官办学校，也是海南规格最高的孔庙。位于海南省海口市琼山区府城镇文庄路侧，其前身是北宋庆历四年（1044 年）奉诏创建的"琼州学"。主要建筑有门、礼堂、东西两庑、讲堂、尊儒亭（琼州知州宋守之捐资创建）等。

　　宋元丰年间在大成殿的西侧建立了一座御书阁，用来珍藏历代皇帝御赐的书籍。南宋淳熙九年（1182 年）重修时，大儒学家朱熹为之题写明伦堂匾额并作记。之后在嘉宝二年（1209 年）时，在明伦堂前修建了明道堂，并在明道堂的左边修建了东坡祠，在明道堂的右边修建了澹庵祠。该时期是琼州府学宫的初创阶段。

　　从明代洪武三年（1370 年）至光绪二十三年（1897 年）秋，琼州府学宫历经多次维修。洪武三年，琼州知府宋希颜重建了明伦堂、戟门、棂星门，并在学宫右边开设射圃等。成化五年（1469 年）在明伦堂后方修建一间书楼。成化七年（1471 年）又增建射圃亭五座，并将明伦堂后移七丈，使学宫的面积增大许多。已在朝中任大学士的海南人丘濬还在明伦堂后构建石室一间。成化十三年（1477 年）重建大成殿、两庑、尊经阁。成化二十二年（1485 年）在学宫之后开凿剑池等。嘉靖十年（1531 年），改称大成殿为"先师庙"，建"敬一亭"和启圣祠。万历七年（1579 年），因琼州知府唐可封认为府学棂星门过于靠近城墙，有碍风水，决定将大门改建朝东。在明代的 200 多年间，整个学宫规模更加宏大，建筑更加完备，礼仪设施更为全面（图 4-1~ 图 4-3）。

学宫在清代时期经历了多次被台风毁坏再重建的过程。清朝皇帝尊崇儒学，将孔子奉为"至圣先师"，屡次题匾（如雍正皇帝题"生民未有"、乾隆皇帝题"与天地参"、咸丰皇帝御书"德齐帱载"、同治皇帝御书"圣神天纵"、光绪皇帝题"斯文在兹"、宣统皇帝题"中和位育"等），体现对学宫的重视。

学宫是琼山历代儒学教育机构要地，这里集祭祀、藏书和教育为一体，是文化交流、精神汇聚之处。经历沧桑之后，学宫大部分建筑已经坍塌，今仅遗存一座大成殿。

二、文昌孔庙

文昌孔庙，位于文昌市文城镇文东路20号，坐西朝东，南北中轴线对称布局，占地面积3300平方米，始建于北宋庆历年间（1041—1048年），明清两代多次重修，但仍保持原有建筑特色，是海南省保存较完整、具有深厚历史文化底蕴的古建筑群之一。1994年，文昌孔庙被海南省政府确定为第一批省级重点文物保护单位；2013年，文昌孔庙所属的文昌学宫成为第七批全国重点文物保护单位；2018年2月，文昌孔庙被评为国家AAA级旅游景区。

文昌学宫是文昌当地培养才子的摇篮。文昌人勤奋好学，人才辈出，在这里先后培养出16名进士、103名举人，但没有状元。文昌孔庙是中国唯一一座不朝南开大门的孔庙，据说是因为老文昌人曾经立誓，若文昌未出状元，孔庙

图 4-1　琼州府学宫大成殿

图 4-2　琼州府学宫大成殿木构架

图 4-3　琼州府学宫大成殿檐廊木雕

就不开大门。因文昌一直没有状元，孔庙就至今没有开大门，只有一左一右两个侧门。

文昌孔庙平面为中轴对称多进式布局，坐西向东。中轴线上依次安排影壁、棂星门（图4-4）、泮池、状元桥、大成殿（图4-5）、孔子立像（图4-6）、大成门、天子台、崇圣祠等建筑物。孔庙的平面呈左右对称布局，左路有礼门、天衢、名宦祠、更衣室、节孝祠、左（北）庑等，右路有义路、云路、乡贤祠、更衣室、孝义祠、右（南）庑等。

三、儋州市东坡书院

东坡书院，位于儋州市中和镇，为纪念北宋大文豪苏东坡所建，后经多次重修。东坡书院坐东北朝西南，为前书院后园林的格局，以大门入口和东坡祠为主轴线，东西两侧各有副轴线，分别称为西园和东园。整个书院空间序列的展开以中间院落为中心，其他各空间院落环绕其四周布置。

书院四周构筑围墙，整个书院建筑屋顶为深绿色琉璃瓦。载酒堂屋顶角上用龙、凤、虎、豹、狮等动物雕像装饰，其他建筑屋脊顶到四角为龙头凤尾装饰，形象逼真，衬以红檐屋梁和绿树丛，使整个建筑群显得更为古雅别致。正门上横书的"东坡书院"四字熠熠生辉。载酒亭（图4-7）又称东坡亭，屋顶为重檐歇山顶，红柱绿瓦，上层四角，下层八角；平面布置为中间四根大红柱直通亭顶，支撑第二层四角亭顶，外围为八根柱与中间柱支撑第一层八角亭顶，结构合理，建筑精巧，气势雄伟。载酒堂是东坡书院的主体建筑，硬山顶，穿斗式木构架，砖石木结构，包括两侧厢房，朴实素雅。

书院两侧各有东园、西园两座小跨院。东园有井一口，名"钦帅泉"（图4-8），为明万历年间所挖，西园为花圃。书院中还设有钦帅堂、望京阁。书院的花园中放置了苏东坡的塑像，主体建筑大殿除了放置苏东坡塑像外，还有他的儿子苏过及其好友黎子云的塑像，展出许多苏东坡的书稿墨迹、相关文物史料和著名的《坡仙笠屐图》，另外书院内还有郭沫若、邓拓、田汉题咏的诗刻及书画名家的艺术作品。

东坡书院既是弘扬古代优秀文化、进行爱国主义教育的课堂，又是开展科学研究的基地。1996年10月21日，东坡书院被国务院公布为第四批全国重点文物保护单位；2011年7月，被评为国家AAA级景区；2018年10月，入选海南省第一批省级中小学生研学旅行实践教育基地。

四、海口市琼台书院

琼台书院，位于海口市琼山区府城镇文庄路，坐南朝北，占地面积约为7858平方米。相传是后人为纪念海南第一才子、明朝大学士丘濬而建，始建于清朝康熙四十四年（1705年），系广东分巡雷琼兵备道焦映汉（陕西人）所建造。琼台书院是现琼台师范学院的前身，也随着粤剧电影《搜书院》的播出而蜚声海内外。

图 4-4　文昌孔庙棂星门

图 4-5　文昌孔庙大成殿

图 4-6　文昌孔庙孔子立像

图4-7 载酒亭

奎星楼（图4-9）是一座白墙、绿瓦、红廊的两层楼阁，平面布置呈长方形，长17.2米，宽9米，占地面积约为200平方米，楼高2层，由四榀四跨度的抬梁式屋架及四排砖柱支承屋面荷载，三面设有回廊，左右回廊宽1.5米，前面回廊宽2米。院内树木葱郁，秀丽恬静。是一座具有民族特色的砖木结构建筑，平面布局对称严谨，建筑造型稳重大方，富有海南地方特色。奎星楼二楼中梁正中悬挂一匾，上书"进士"二字，字大如斗。

书院门楼为明代宫殿式，主门宽12

图4-8 钦帅泉

米，高9米，6根巨大的支撑柱为坤甸木，石磉、台阶皆为花岗岩，屋顶为绿色琉璃瓦，木柱上部以及拱头、横楣等均雕绘龙凤，古雅壮丽（图4-10）。

琼台书院曾是琼州的最高学府，是古代海南人士登科入仕的必经阶梯。初建时，中楼后面正中有座奎星亭，亭的两边各有廊厢一间。清乾隆十八年（1753年）扩建，将奎星亭改建为两层的奎星楼，并在楼的两旁各增建厢房三间。奎星楼前侧竖着一块高2米、宽80厘米的石碑，记载着修建此楼的经过。

五、澄迈学宫（大成殿）

澄迈学宫，又称"老城文庙"，位于澄迈县老城镇老城小学校园内。宋宝祐三年（1255年）始建，元、明、清时进行修缮。现在整个文庙坐南朝北，中轴对称，占地面积约为2090平方米。原建筑群为三进院落四合院式布局，面宽34米，进深150米，占地5100平方米，沿中轴线对称布列，主要有棂星门、泮池、状元桥、孝义祠、名宦祠、乡贤祠、大成门、大成殿、崇圣祠、拜亭等，布局严谨、规模宏伟。现存的大成门、大成殿等建筑为清代中晚期遗迹，其他部分大多毁于战火。

大成殿是文庙的正殿，坐北朝南，建筑面积355平方米，为重檐歇山顶，穿斗抬梁式结构，重檐回廊，砖石木结构。建筑构件均雕刻或绘有祥龙、彩凤、瑞兽、花草等图案。殿前月台刻麒麟、鱼鸟、荷花、松竹等浮雕图案。其主体木梁架保存了清代建筑风格，采用具有地域特色的雕刻、彩绘等装饰工艺，现为海南省文物保护单位（图4-11）。

六、文昌市溪北书院

溪北书院，位于文昌市铺前镇文北中学校园内，占地面积一万多平方米，始建于清光绪十九年（1893年），由清末铺前籍书法家潘存发起筹资建造，并获得了时任雷琼兵备道朱采和两广总督张之洞的支持。溪北书院是海南古村落中极少有的单独书院，也是海南省保存最完整的大规模清代建筑群之一。2009年入选海南省第二

批省级文物保护单位；同年入选全国第八批重点文物保护单位。

溪北书院整体呈四合院围合式，左右两侧以走廊连接；坐北朝南，由大门、讲堂、经正楼、经堂和斋舍五部分组成，全部为砖瓦结构，其间由东西廊相连，四周由围墙环绕。书院前殿为硬山顶，面阔五开间，进深三开间。前檐不设檐墙而后设板门，两米间砌成侧房，为厅堂式。殿内是溪北书院训导学生的场所，正堂名为"经正楼"，原为书院的建筑主体。民国十年（1921年）改建成中西合璧式二层楼建筑，进深11米，面宽17米。楼内仍用木柱，廊外和楼顶已改成钢筋混凝土结构。前殿和正殿之间，以及东西两廊相互连楼。中轴线的两侧和正殿的两翼对称地分布着前后配殿和斋舍。其中讲堂是该书院中形制最高、规模最大的建筑单体，作为传统木构建筑，其屋架为抬梁式木构架，面阔五开间，进深十九檩。溪北书院内外两侧的檐柱为方形，是海南地区常用的"一柱二料"的形式：下方为石质柱础

图4-9　琼台书院奎星楼

图4-10　琼台书院门楼

图4-11　澄迈学宫（大成殿）

和柱身，柱子上端30~50厘米处接上木料柱与木梁架搭接。

溪北书院主要是梁架木构件，着重雕刻装饰和使用透雕构件。在屋内，以三角形的花篮式大块面透雕代替。柱头、檐头、驼峰爪柱等也是以莲座和龙凤、花鸟、麒麟、瑞兽等雕刻代替，建筑风格受文昌孔庙影响。从书院建成直至清宣统三年（1911年）间，曾聘任不少学者在此讲学，培养了大批人才。辛亥革命后，溪北书院一直作为学校使用（图4-12、图4-13）。

图4-12　溪北书院门额

图4-13　溪北书院

第二节 ┊ 宗教建筑

本书论述的海南宗教建筑主要从道教宫观、佛教寺院、伊斯兰教清真寺和基督教教堂四个方面展开。

一、道教宫观

道教是中国的本土宗教。道教建筑以"宫观"命名的居多，建筑形式布局多样，严格依据风水择观址，有院、殿、祠、堂、坛、馆、庵、阁、洞、府等称谓。道教建筑讲求天人感应，天地之间对应关系，从性质内涵来讲，本节论述的祭祀祖宗、自然神、人神的庙宇也属于道教建筑范畴，但从习惯文化和宗教内涵意识来归纳划分，就不在此项再论述了。海南道教为南宗道教，最为有名的道教建筑有定安县文笔峰玉蟾宫、临高县高山岭高山神庙等。

玉蟾宫位于海南省定安县文笔峰山麓，依山势而建，以南坡的自然走势为中轴线，以峰顶巨石为背景依托，以东西两侧为双翼，建筑布局体现了"道法自然"哲学理念，给人以生动、和谐的整体观感。玉蟾宫被道教奉为"南宗宗坛"。玉

蟾宫的园林景观设计相当有特色，是按照南宋时期的园林景观来布局的，具有新、清、幽的意境（图4-14、图4-15）。

玉蟾宫的主要建筑包括主殿玉蟾阁、紫阳杏林殿、紫贤翠虚殿、三清坛、药王殿、天后殿、碧霞殿、七星亭、文笔书院、文昌阁、月老殿、元辰殿、影壁、转运殿、观音殿等。三清坛是文笔峰上所处

图4-14　定安县文笔峰玉蟾宫

图4-15　定安县文笔峰玉蟾宫

地势最高的建筑。玉蟾宫不设代表道教最高信仰的三清神殿，但在最高的峰顶上建坛供奉三清尊神，以表达天上人间浑然一体的意象。

玉蟾宫建筑结构完整、风格鲜明，系统地展现了道家主题文化特色。殿宇美轮美奂，雕刻精妙绝伦，体现了古代劳动人民的卓越才能和和艺术创造力。

高山神庙（图4-16），始建于1314年，位于临高县高山岭上。高山岭上还有先汉时印度婆罗门教毗耶大师来此刻立的"毗耶梵文石碑"、汉代青州人王氏迁居此山而出现的"毗耶灵石"和公元1314年（元代元延元年）始建的高山毗耶神庙三处古迹。现存庙宇系后来乡人重建。

二、佛教寺院

佛教是世界三大宗教之一，起源于古印度，两汉时期传入我国。

佛教在我国传播，分南北两路进行，其中，南路是从古印度，经斯里兰卡，再经东南亚进入我国的云南、海南、广东、广西等省、自治区，称"南传佛教"；北路从古印度，经西域传入我国西部和北部地区，称"北传佛教"。

佛教何时开始在海南岛上传播，迄今无定论，但至少在唐代时海南岛上就已有佛教建筑，如唐代时海口琼州府城有著名的开元寺，为唐玄宗开元年间（713—741年）所建。唐代天宝七年（748年），鉴真高僧第五次东渡，途遭不幸，被狂风刮向海南岛上的振州（今三亚），鉴真和尚在那里亲自主持兴建了大云寺（在今三亚市崖城镇水南村）。

佛教的活动场所称寺院，寺原本是中国古代的官署建筑，《汉书》注曰："凡府庭所在，皆谓之寺。"如大理寺，从夏商就称大理，北齐便有此名称，是掌管刑狱、司法的官署。佛教传入中国后，佛教活动的场所也称"寺"或"寺院"。

琼州府城北郊（今海口市红城湖路南）的天宁寺始建于宋，初名天南寺（图4-17）。明洪武二十六年（1393年）建殿宇、两廊、普庵讲堂和六祖讲堂。洪武三十年（1397年）又建二殿并僧房三间。永乐年间已成"海南第一禅林"。正统八年（1443年），又增建了观音阁，成为海南殿宇最为宽阔、经书最为齐全、住寺僧人最多的寺院。

海南古代还有大悲阁、广济庵、仁心

图4-16 临高县高山岭高山神庙

图4-17 天宁寺

寺、白衣寺、永庆寺等，这些也都较有名气。但后来在清末至民国时期，这些地方不是被台风摧毁，便是因香火不旺而失去了昔日的辉煌，渐渐地退出了人们的记忆。

今海南岛上还有两处古寺院建筑稍有名气，一处位于海口市琼山区府城镇草牙巷41号，名为泰华庵（1980年又重建），另一处位于屯昌县大同乡镇大塘村，名为福庆寺，都是清乾隆年间（1736—1796年）的建筑。常见的寺院一般在南北中轴线上，由南而北依次为山门殿（山门）、天王殿、大雄宝殿、法堂、藏经阁，在大雄宝殿的左右两侧设置东西配殿，伽蓝殿、观音殿、罗汉堂等，也相当于庙宇中的东西配房。

泰华庵（图4-18）现仅存大雄宝殿，其面阔三间，进深十五檩，硬山墙殿内四根圆木立柱，乳状剳牵，圆木瓜柱，前有廊，廊下二檩，门外左右两侧各一石立柱。

泰华庵的南墙上至今还镶嵌一块清乾隆二十一年（1756年）菊月立的"常住碑"，铭刻着泰华的主持为尼姑广章。另有一块民国二十九年（1940年）夏立的"万古流芳"石碑，也刻着泰华庵重修大殿并建造韦驮殿宇的住持为比丘尼隆定。

福庆寺由前殿、大雄宝殿（相当于庙的大殿）、左右偏宅（相当于厢房）组成。其梁架结构也是抬梁式与穿斗式混合使用。

寺院内供奉的神，是比皇帝的级别还高的，所以，寺院的屋顶能够使用黄色的琉璃瓦而不受朝廷的限制。正脊上一般不使用二龙戏珠作为装饰，而是塑些佛家的塔形宝珠。门额及梁柱上的题字匾额对联，也为佛家用语，如大门额上题"佛光普照"，西刻"看破放下自在随缘念佛"、东刻"真诚清静平等正觉慈悲"。

殿内的四根圆木立柱下，虽仍用石柱础，也一改明清海南流行的覆盆形或"工"字形石柱础，而为莲花宝座，是佛家常用的图案。

现代建造的三亚南山寺（图4-19），位于海南省三亚市以西40公里南山文化旅游区内的"佛教文化公园"中。据史志所载，三亚南山即菩萨长居之"补怛洛迦"，有"大光明山"之称。三亚南山寺占地400亩，仿唐风格，建有仁王殿、大雄宝殿、东西配殿、钟鼓楼、转轮藏、法堂、观音院、悲田院等，依山就势，错落有致，庄严肃穆，清净幽雅。

图4-18　泰华庵

图4-19　三亚南山寺

南山寺是一座仿盛唐风格、居山面海的大型寺院。南山寺是已故中国佛教协会会长赵朴初亲临选址，经国家宗教局批准，于1995年11月11日奠基、1998年4月12日建成，总建筑面积5500平方米的寺庙。

三、伊斯兰教清真寺

伊斯兰教是世界三大宗教之一。随着这种宗教在世界各地的传播、发展，礼拜寺建筑也逐渐遍及世界各地。至于何时传入我国，虽然目前有不同的说法，但史学界比较一致地把"唐高宗永徽二年(651年)大食国派使节来长安朝贡"作为伊斯兰教正式传入中国的标志。

伊斯兰教是由波斯湾经孟加拉湾、马六甲海峡海路传入海南岛的，时间大约在12世纪。

伊斯兰教的宗教活动场所初称"礼堂"，宋代称"祀堂"或"礼拜堂"，元明两代便称为"清真寺""真教寺""清教寺""清修寺"。

"清真"一词在汉语里作"纯洁质朴"解释，具体说，"清"是指真主清静无染，不拘方位，无所始终；"真"是指真主独一至尊，永恒常存。

清真寺建筑在传入我国后既保留了阿拉伯传统风格如淡雅、素洁、柔和而又庄重，又吸收借鉴了我国传统建筑的布局形式和手法，形成了中西合璧、巧妙配置的鲜明特点。海南的回族主要生活在琼中以南，三亚市就有六大清真寺，其中以三亚市羊栏镇回辉村的清真古寺最具代表性。

（一）三亚市回辉村清真古寺

回辉村清真古寺（图4-20），位于三亚市羊栏镇。该寺始建于清乾隆十八年(1753年)前，寺原系砖瓦结构，后修建为水泥钢筋结构，建筑形状为八角形，有圆顶塔。后被毁。1982年重建。1986年再次扩建。现占地2.9亩，建筑面积900平方米，大殿建筑面积500平方米，为中西合璧式建筑形式。

图4-20 回辉村清真古寺

该寺设有讲堂、诵经室、沐浴室、招待所。寺内环境优美，寺庙雄伟庄严，吸引了众多海南伊斯兰教信徒来此朝拜。1990年被列为三亚市重点文物保护单位，也是三亚六大清真寺之一，三亚市伊斯兰教协会会址设于此。

寺内现存有清乾隆十八年（1753年）"正堂禁碑"一块，碑高150厘米，宽55厘米，对研究清朝海南伊斯兰教信徒的经济生活有一定价值。

（二）三亚市回新村清真南寺

三亚清真南寺（图4-21），位于三

亚市天涯区回新村中心地带，是古崖州第一座清真寺（遗址），始建于明代中期，是三亚伊斯兰教发展的历史见证。1956年，该寺被中国伊斯兰教协会列为全国重点清真寺，也是三亚六大清真寺之一。

1980年后陆续重建礼拜大殿、经学堂、沐浴室等。现该寺建筑总面积800平方米，其中大殿有200平方米，为中阿相结合式现代化建筑。是一座雄伟壮观、结

图4-21　三亚清真南寺

构严谨、设备完善、功能齐全的清真寺，可给海内外伊斯兰教信徒提供一个优美、舒适的环境。

四、基督教教堂

基督教是随着西方帝国主义列强破开大清王朝久闭的大门而传入海南岛的。光绪七年（1881年）十一月，美籍丹麦人冶基善从广州抵达海南岛，开始进行传教活动，这是基督教在海南传播之始。

基督教的传教建筑称"福音堂"，

另有修道院建筑，还有教会创办的学校、医院等。其中以光绪二十二年（1896年）在海口市盐灶村东建的福音堂（后称中国基督教会海口堂）影响较大，现已被改造。琼山区府城镇打铁巷的南端有一座清末至民国时期的天主教堂建筑，虽然前墙上还挂有天主教活动的牌子，但基督教的标志性物件"十字架"和耶稣像已不见踪影，门长年地紧锁着，窗也破旧，看得出教徒们早已不在此活动了，只有那细长窄窗、窗额上的桃尖和半圆弧形装饰，才能折射出昔日基督教建筑的风范。该教堂面阔三间，坐北朝南，硬山墙，灰布筒板瓦顶，这些都是我国古代的传统建筑风格。但它那密窗窄小、上下细长、额上塑有桃尖形的弧线，就有了西方基督教建筑的特征，可以说是东方与西方的交融（图4-22 ~ 图4-24）。

图4-22　海口市府城的天主教堂旧址（现已拆）

图 4-23 琼海嘉积教堂

图 4-24 那大基督教堂

第三节 ┊ 祠 堂

祠堂是鲜活的遗存，是存放乡愁的陈列馆，是安放灵魂的栖息地；在那里供奉着祖先牌位，也供奉着天地人间的大道理。

海南的现存宗祠古建以明清时期所建为多，虽历经多次重修，但至今大多保存完整，而且香火不断。宗祠供奉着家族的牌位，春秋两季，同族人在宗祠里举行隆重的祭祀祖先的活动，以增加家族的凝聚力、亲和力和向心力。宗祠还是一个家族议事等重大公共活动的场所。

（一）海口市五公祠

五公祠位于海南省海口市海府路，占地约 6.6 万平方米，是海南岛上建筑面积最大的祠堂。该祠是为纪念唐、宋时期贬谪到海南岛的五位历史人物而建的，故名五公祠。

五公祠是公共祠堂，是由海南第一

楼、学圃堂、观稼堂、东斋、西斋与苏公祠、洞酌亭、浮粟泉、两伏波祠、洗心轩、琼园、五公祠陈列馆等建筑组成。这个建筑综合体中，有外廊式两层木结构建筑，也有砖木结构建筑。这是一组用上等木料精心构筑的古建筑群。四角攒尖式的屋顶，素瓦红橼，与四周烂漫的绿叶繁枝相辉映，显得格外的庄严肃穆（图4-25）。

从苏公祠进入，往左，即是合祭五位名臣的五公祠。五公祠主楼是一幢用上等木料精心构筑的红楼，楼高十几米，学圃堂里陈列的明代铜禁钟、清代铁洪钟和三门大铁炮是五公祠的镇祠之宝。接着可以到观稼堂里"寻根问祖"（图4-26），在这里可知海南人的祖先主要来自福建和广东。从苏公祠往右，还有两伏波祠，这里祭祀西汉伏波将军路博德和东汉伏波将军马援。两位将军曾先后征讨岭南，开琼崖、詹耳等九郡。

五公祠是海南十大宗祠之一；国家AAA级旅游景区；2001年被公布为国家级重点文物保护单位，2016年6月被国务院列为第五批全国重点文物保护单位。

图 4-25　五公祠（海南第一楼）

图 4-26　五公祠（观稼堂）

（二）定安县张氏宗祠

张氏宗祠（图4-27、图4-28），位于海南清代唯一的探花张岳崧的故里——海南定安县定城镇东南20多公里处的高林村，张氏宗祠坐北向南，是一座有正屋和横主席台的院子，属于家族祭祀祖先和先贤的场所。张氏宗祠占地1500多平方米，有完整的山门、前殿、正殿、廊庑，均为砖木结构，殿中柱子多为菠萝蜜木料，檩子多为青梅木料；正殿前门楣上高挂着一块道光年间由多名主考官题赠给张岳崧次子张钟彦的"进士"木匾（图4-29）和"探花及第"匾一块，这两块牌匾显示出张氏家族曾有过的辉煌。

张氏宗祠陈列的主要是清代探花张岳崧的著作、书画、对联、碑帖匾额、印章等遗物和晚清名人记述的关于张岳崧生平事迹的文章著作，对了解和研究张岳崧及晚清海南的历史、文化具有较重要价值。

张氏宗祠为传统典型的汉族祠堂建筑。自古以来，人们崇尚教育，在海南，祠堂作为对后人进行教育的重要场所的习俗延续至今。古时海南创办的免费义学，大多也设在祠堂内。新中国成立后曾以张

图 4-27 张岳崧故居（上屋）

图 4-28 张岳崧故居（下屋）

图 4-29 "进士"木匾

氏宗祠办定安县热作学校，现为高林村小学。1953 年，因遭遇强台风袭击，张岳崧两处故居的主要建筑物倒塌，后来得以不断修缮。

（三）海口市许氏宗祠

许氏宗祠（又称金公祖祠）位于海南省海口市秀英区东山镇大坡村，距离海口市区约 30 公里，始建于天启甲子年（1624 年），20 世纪 80 年代重修，整个建筑群基本保持完好。宗祠第一代世祖金心公，曾在任通判官。

许氏宗祠坐北朝南，以中轴线对称布置，总占地面积 1209.6 平方米，为三进院落，硬山顶，灰色瓦盖，砖木结构。祠堂内保存有各类风格门匾及浮雕、壁画，为明朝的工艺手法及建筑风格，对研究明朝的雕刻技术水平及建筑风格提供了实物资料，具有一定的历史以及艺术价值。2012年许氏宗祠被海口市人民政府列为市级文物保护单位，2016 年被海南省人民政府列为省级文物单位（图 4-30）。

许氏宗祠由山前厅、正殿、敬书塔以及 8 个厢房组成。正门前有"许氏宗祠"字

图 4-30 海口许氏宗祠山门

样的门匾，厅内两旁有雕塑和壁画；第二院落西边为"钦差土舍"厢房，东边为"月旦评"厢房；二进为久大堂，面阔三间，硬山顶，堂前挂有1948年由陆军少将广东省第九清剿区副司令兼前进指挥官许国钧立的"追远报本"牌匾；第三院落西边为"节孝祠"，东边为"附祀祠"；三进为正殿太岳堂，面阔五间，门前挂有"中宪大夫"（图4-31）、"镇抚琼兴"牌匾，正殿内摆放世代祖先牌位。

（四）定安县胡氏宗祠

胡氏宗祠（图4-32），位于定安县雷鸣镇后埇村委会仙坡村，最早建在定安县城，但县城的宗祠已不复存在，后来胡氏各支派也建有祠堂，但真正形成规模，具有历史文化价值的是仙坡村的这一座。胡氏是由江西庐陵（今吉安）来定安做官的进士的后代，明朝时的定安由胡氏统治；1986年，胡氏宗祠被定安县政府列为县级文物保护单位，1994年被海南省政府列为省级文物保护单位。

胡氏宗祠始建于清乾隆十八年（1753年），于清乾隆戊戌四十三年（1778年）建成正堂，现在所看到的规模、形制皆是清道光十八年（1838年）进行拆建重修

的。宗祠坐南朝北，总建筑面积约1300平方米。原有山门、前殿、正殿、配殿、通廊等建筑；今配殿已塌倒，其余均完好。山门进深三间，宽五间，有前廊；山门门楼东西有倒厢，东倒厢为祔食祠，西倒厢为节孝祠。左右耳房，一为祠佃居住，一为厨房。前殿进深三间，宽五间，前后均有廊，前后檐柱为古柱，稍间有陶窗，窗有蝙蝠吊庆图案纹饰，鼓镜式石础，驼峰有龙云、花鸟浮雕。后廊另有亭式通廊同上殿相接。亭式通廊与正殿廊间挂有"文魁"大木扁。正殿进深三间、宽五间，檐柱为方形石柱，次间和稍间用砖墙隔开，前殿和正殿均为悬山式顶，防火山墙，正脊原有花鸟人物灰塑，今已遭破坏。

宗祠正堂东西两房有倒厅，供储藏和休息用，前殿左右设书房，正堂与拜厅中间起亭式拱棚甬道，以便行祭，正堂有前廊，拜厅有前后廊，四周墙垣围住。胡氏宗祠建筑雄伟，布局完整、丰富、合理，是定安县保存最好的一座古建筑物，也是我们研究明清建筑风格、雕刻艺术、手工技艺的绝佳实物教材。

全祠有设计造型各异的石础二十六对，工艺精致，造型优美大方；前殿后殿

图4-31　"中宪大夫"牌匾

图4-32　胡氏宗祠山门

共有驼峰浮雕三十八块，形象栩栩如生；工艺独特、图案精美的槁窗装饰七块；造型各异的石柱十八根；山门石柱上有一副阴刻隶字对联。梁、柱（含蜀柱）上的雕刻图案精美独特（图4-33、图4-34），祠中驼峰之木雕、窗花、壁画有艺术价值，图案主要有花卉、麒麟、蝙蝠、云纹等。山墙样式特殊，每进建筑的封火山墙均不同，建筑形式为省内少见却与江西一带的建筑极为相似。胡氏宗祠可作为研究内地与海南建筑文化相互融合的典型实例。

（五）海口两伏波祠

两伏波祠是为供奉西汉路博德、东汉马援两伏波将军而建（图4-35）。据《正德琼台志》记载："伏波庙在郡城北六里龙歧村，宋建，祀汉二伏波将军。"从这段话中可知，海南岛建祠的历史至迟可以推到宋代。以后海南沿海各州县几乎都有两伏波祠。

现存的两伏波祠的原址是清嘉庆八年（1803年）的昭忠祠。因道光十二年（1832年）的一场台风，昭忠祠被毁，为

图4-34　胡氏宗祠精美木雕

图4-35　两伏波祠

光十四年（1834年）又重建。清光绪十五年（1889年），雷琼兵备道朱采为纪念开

图4-33　胡氏宗祠精美木雕

纪念曾开琼置郡、巩固南陲、维护祖国统一的路博德、马援两伏波将军，便将昭忠祠改建为两伏波祠。

祠堂是该两伏波祠的核心建筑，面阔三间，进深十三檩，也是海南常见的灰布筒瓦屋顶。但与家族祠堂不同的是，在布板瓦之上用绿色的琉璃筒瓦扣垄，滚龙琉璃瓦起脊，而且屋檐的滴水也使用了绿色琉璃瓦镶边，这也是遵循了明朝廷规定的级别，只有祭祀王公贵族一级的祠堂才能享有此待遇。因为无论是路博德还是马援，在汉代都被封为侯，在宋代又被封为王。两伏波祠正脊的左右两端都使用了龙头鱼尾形的鸱吻，龙头口吞屋脊，鱼尾上翘，鱼鳞身子，这是古代鸱吻中比较高贵的形式。

祠堂的建筑单檐硬山墙，前面出檐，檐下一檩，檩下明间开四扇木门。门左右两侧各开四窗牖，窗上木条格棂。门额上横挂木质鎏金字匾，匾正中阴刻"两伏波祠"四字，为现代文学家廖沫沙1984年手书。匾的四周边框剔地浮雕十三龙，其中上边框刻五龙；一龙正面像，左右各一龙首相对，再外边各一龙背向回首；下边框刻四条龙，其中中间刻二龙戏珠，两边龙背向回首，边框两龙背向，所有龙尾处刻祥云纹。

祠堂内的梁架结构采用了七架梁屋式，中间四根圆木立柱分心，两侧各立两木柱，共用八根立柱，柱上有上下额枋乳形蜀柱，柱下双层鼓形石柱础。两伏波祠的梁架用七架梁，也是其规格较高的标志。明朝廷规定，只有皇官一级的建筑才可用七间、九间、十一间九架梁，而诸侯王和官至二品的官员的祠堂不得超过五间九架，一般庶民不超过三间五架。

祠堂前的拜亭原来称为古凉亭，大概是用来欣赏四周大好景色的，可是，当清光绪十五年（1889年），雷琼兵备道朱采将昭忠祠改建为两伏波祠时，也将祠前的这座古凉亭改成了"作为祭祀"的拜亭。

亭内现今矗立一通宋徽宗的《神霄玉清万寿宫诏碑》。亭内东西向十一根檩，这与海南古代寺庙中的亭子用檩有较大区别，庙宇大殿前的亭子大都是卷棚顶式，不用中间的正脊檩。所以，檩条都是呈双数的，一般以八檩或十檩的居多，但由于该亭的屋顶是四角攒尖的，中央有脊檩，故呈单数。

拜亭的前面是洞酹亭，取《诗经·大雅》"洞酹彼行潦"句中的前两个字命名，也是海南建立时代最早的纪念亭性质的亭之一。

第四节 ┊ 墓　园

一、海口市海瑞墓

海瑞墓，又称海瑞纪念馆，位于海口市丘海大道 39 号，坐北朝南，墓园面积 5000 平方米，为一长方形陵园，是为纪念明代著名政治家海瑞而建。该墓由明朝皇帝派官员许于伟专程到海南监督修建，于明万历十七年（1589 年）建成。此墓主要由石望柱、石牌坊、神道、石象生、墓冢等组成。

海瑞（1514—1587 年），字汝贤，号刚峰，谥号忠介，海口市琼山区朱桔里人。举乡试入都，恩赐进士，历任福建省南平教谕、淳安知县、嘉州通判、户部主事、大理寺丞、右金都御史和南京吏部右侍郎等职。为官期间曾平反一些冤狱，清正廉明，铁面无私，被誉"为再世包公"。

海瑞墓历代都有重修，但原貌基本未变。海瑞墓建筑宏伟古雅，庄重肃穆。墓园坐东向西，东西长 200 多米，南北宽 41 多米，四周有围墙。正门有石牌坊一座，坊上横刻"粤东正气"，坊高约 4.5 米，宽约 7 米。海瑞墓用花岗岩砌成，墓基座呈八角形，下大上小，高 3 米，墓体为半圆球形，墓前竖立着一块厚 27 厘米、高 3.3 米、宽 90 厘米的石碑，碑文是许于伟所撰，碑上镌刻着"皇明敕葬"四个字。墓前左右两侧有海瑞石雕像。从正门到陵墓有一条直通道，中间有两座石碑坊。通道两侧排列着形态各异的石羊、石马、石狮等。墓园中有葱郁苍翠的椰树、松柏、绿竹等，四季长春。墓体后的烛台华表、扬廉轩、清风阁、无染池、四面八方亭等为现代所建。

海瑞墓是一座典型的明代高级官员墓葬，也是展示我国墓葬文化艺术的文物旅游景点和游览胜地，是海南的一张文化名片，1996 年被公布为第四批全国重点文物保护单位（图 4-36）。

图 4-36 海瑞石雕像和"粤东正气"牌坊

二、海口市丘濬墓

丘濬墓位于今海口市秀英区丘海大道南段东侧的水头村，是明代时期海南级别最高的墓葬。墓地占地面积约 2500 平方米，傍山而建，坐南朝北，地势逐渐增高，面向京城皇帝，以示忠贞。

整个墓园主要由墓冢、御祭碑、神道、石象生、石牌坊等组成（图 4-37、图 4-38）。现建设成为具有明代海南墓园园林特色，集陈列展览、保护研究、休闲旅游、多功能开发为一体的文物保护单位。

丘濬墓墓冢位于墓园的南部，整体由基座和穹隆顶墓冢两部分组成，整个墓冢高 6 米。并且地表以上全部用石条垒砌。其中基座平面呈十二边形，石条从下至上共五层，底层外表阴刻边框，四角用减地法浅浮雕云朵花纹图案；第二层雕刻箭镞形纹饰；第四层石条上浅浮雕"卍"字符号及四朵花瓣形图案，每两个"卍"字之间填上八卦图形。墓冢上部是用石条砌筑的穹隆顶，由九层叠筑。顶部有一立柱、柱上置一圆球。

主墓前立墓碑一座，高 4.4 米，上方刻有"双龙飞舞"四字，两旁刻有青松、仙鹤、祥云等图案花纹。碑面上端有"皇明敕葬"四字，正中题："光禄大夫柱国少保兼太子太保户部尚书武英殿大学士特赠左柱国太傅谥文庄丘公。姒诰封正一品夫人吴氏之墓。"为夫妻合葬之墓。

神道是古人认为墓主人的灵魂所走的道路，也是通向神灵的道路。明代的墓葬神道越长越宽，说明墓主人的生前地位越高，丘濬墓神道长约 100 米，宽约 4 米。

树立在神道左右两边的石刻称为"石象生"。明朝廷规定，生前二品级以上的官员死后才能在墓葬前置石翁仲、石虎、石羊、石马、石望柱各一对。墓园中有的石象生已经被破坏。现存有石狮、石马，石狮高约 1.3 米，宽 2.3 米，昂首静立，两耳竖立，呈蹲坐之势；石马位于石狮子之后，一雄一雌分列在神道两旁。

墓庭前临水塘，清泉水满，上修石桥一座。面对平畴沃野，后枕苍翠小丘，古朴幽雅，庄严肃穆。

墓园最前方是一面巨大的照壁，正面

图 4-37　海口市丘濬墓石牌坊

图 4-38　海口市丘濬墓

雕刻麒麟图案，背面是"太儒之首"四个苍遒大字，石牌坊正面刻红色"旨·理学名臣"，背面刻红色"冠绝一时"四字。牌坊后有一对石华表。

三、文昌市许模墓

许模，南宋时期任琼州府通判，被族人尊奉为许姓迁琼始祖。许模墓位于文昌市冯坡镇五龙港的白山村，是海南民间特有的"轿形墓"。"轿形墓"是海南古代一种独具特色的墓葬形制，从宋代一直延续到明清，石材有的是石灰岩石，有的是花岗岩石；所谓的"轿形"是指在外观上很像古代的一顶轿子，也称为"石棺墓"（图 4-39、图 4-40）。

许模墓占地面积约 100 平方米，坐东北朝西南。于南宋绍熙二年（1191 年）、清乾隆、光绪年间重修，1979 年再次重修，整个墓地基本保存完好。墓地主要由祭庭、墓冢、墓碑、供桌、石五供等组成。

墓冢为石板垒砌成石棺，酷似轿形，顶板东西向长 1.33 米，南北宽 0.7 米。石棺顶部竖立一寿桃形红色石刻，顶板四角

翘起，阳刻对角线连接四角。盖板下为棺身、呈长方形，棺身东西向长 1.27 米，南北宽 0.58 米。棺身四角刻成半圆形立柱。前板上右上角镌刻"任琼州府通判"，正面中央刻"许模公之墓"，下款落并列三行。其中，中间一行刻"考男金立"，左刻一"企"字，右刻一"全"字。意为许模三子，长子许全，次子为许金，三子为许企。石棺底板为二层，上层底板南北两侧阴刻各四个绶带形、东西两侧各两个绶带形纹饰。

石棺前方竖立着两通墓碑，皆为石碑。其中，一通石碑碑首上部呈圆角，碑身呈长方形，火山岩石，高 1.35 米，宽 0.45 米，厚 0.08 米，正面楷体直书镌刻："宋过琼始祖、任琼州府通判、许模公之墓"，右上角竖行阴刻"乾隆甲戌年仲冬月吉旦"，左下角阴刻"金派立籍琼邑十八世、全派立籍文邑十六世、企派立籍临邑十七世裔孙锦合族等补立"；另一通石碑碑首上部呈圆角，火山岩石，高 1.7 米，宽 0.72 米，石碑外由石条加固，碑面正面楷体直书镌刻："宋许迁琼

图 4-39　文昌许模墓

图 4-40　文昌许模墓墓冢

始祖、晋封奉直大夫、署琼州府通判、乡进士讳模三公茔。"碑右上角竖行阴刻"公乃福闽莆田县赐进士、大理寺正卿、十二世许辅公三子也，字圣哲，号宏楷，寿六十七，谥元范。大宋绍熙二年卒，辛亥渡琼，派生三男"。右上角竖行阴刻"大清光绪三十三年丁未夏月吉旦"，左下角刻竖行并列三行"长籍文昌庠士全、次籍琼山处士金、三籍临高儒士企"，下行"孙庠士真毓千户、孙处士真坛千户、孙处士真任百户、真比（左有王字旁）、真璋，琼邑阖族裔孙重修立"。

该碑朝墓葬一面阴刻有"重题：许始祖茔志诗并序"，刻画笔道较粗，字体规整有力，为海南著名文人张岳崧题。

供案位于墓前，平面长方形状，长0.85米，宽0.56米，连足高0.18米，案下有四个较矮的足。

石五供成一排摆在墓前，共5件，其中，位于中间的为平面长方形瓶式鼎，左右两侧各一方瓶形烛台，其外又各一塔形烛台。

祭庭的平面分布呈圆形，周围用砖石垒砌成墙壁，前面留开口，墙壁前后高、中间低。内壁阴刻方胜纹、套环纹。

另外，在许模墓不远处西山村后浇坡上还有比较知名的南宋知州韩显卿墓。该墓坐西北朝东南，面向大海，占地面积1000余平方米。墓葬依地势而建，由大门、凉亭、祭庭、墓冢、墓碑等组成，被海南岛韩氏后人尊奉为渡琼始祖。

四、澄迈县陈道叙周氏合葬墓

陈道叙周氏合葬墓，位于澄迈县永发镇美榔双塔东南方约700米处的南轩村锦游山，南宋景定元年（1260年）修建，现归入美榔双塔历史文化保护区实施保护。墓坐西南向东北，为玄武岩石砌筑，边长2.6米，高2.1米。墓主陈道叙及其继妻周氏卒后于1260年合葬于此，该墓由墓室和享堂构成，庑殿式顶；须弥式底座雕有瑞兽及仰莲纹饰，是一座典型的仿佛教文化式的塔墓。2000年发掘墓葬，出土陶罐、陶仓、白瓷棺钉等随葬品，并获得两块重要的墓志。现为全国重点文物保护单位。

该墓形制独特，葬式考究，建筑严

谨定实，艺术手法粗犷古拙，具有极高的历史和艺术价值。其建筑形制极为特殊，与美榔双塔关系密切，特别是其墓志，弥补了文献的不足，丰富了美榔双塔的遗存内容；其墓极其写实的仿木结构，为海南宋元时期木结构建筑研究提供了极有价值的实物史料，同时也反映了宋元时期木结构建筑的文化特征；其墓塔艺术装饰部分均为浮雕形式，花鸟纹样很写意，刀法精湛，建筑手法和艺术水准极高，为海南研究古代葬俗及殡葬制度提供了珍贵实据（图4-41）。

五、东方市秦旺将军墓

秦旺，字劲衡，号彪汉，原籍南京庐州府合肥县（今安徽省合肥市）。生于南宋戊子年（1168年），于绍兴封千户侯，钦命武毅将军，由福州莆田率军驻琼，戍守昌化县，拥军抗暴，促进黎汉和睦，开发南荒，戎马一生，南征北战，功绩卓著，德高望重。

秦旺将军墓建于南宋淳祐五年（1245年），原坐落在昌化城宦道旁，由于雨水冲刷，墓基外露，现由其后裔按原貌迁到东方市罗带乡十所村大路田南坡，与其三子秦信葬在一起。建有清代建筑风格的品字形碑亭，有彩绘"双凤朝阳""二龙戏珠"等壁画及秦氏族徽、"天水堂"印记，是东方市年代较久的一处大型古墓群（图4-42）。

图4-41 陈道叙周氏合葬墓

图4-42 东方秦旺将军墓（20世纪90年代）

第五节 ：塔、桥、牌坊

一、塔

塔是我国古建筑艺术的一朵奇葩，自宋代传入海南至今八百余年。海南塔楼是一笔宝贵的文化遗产，解读塔楼，对了解海南的历史进程，发扬海南的开放进取精神，正确评价和认同海南文化，促进海南的建设发展，具有重要的意义。

海南的塔式建筑现存较多，分布于全省各地，按功能划分主要有佛塔、风水塔、敬字塔等。敬字塔是海南比较特别的一类塔式建筑，按建筑类型分有楼阁式、密檐式、金刚宝座式、宝箧印经式（阿育王式）等，建塔材料以砖石为主，现存的塔式建筑建造时期多集中于明清。

（一）琼海市聚奎塔

聚奎塔，位于琼海市塔洋镇，是海南保存最完整的古建筑之一。塔体仿唐代建筑，造型别致，为八角形七层楼阁式塔，砖砌结构，通高 21.5 米，坐西南向东北。聚奎塔为明万历年间琼东知县卢章兴建，1973 年进行维修，系风水文峰塔，现为琼海市市级文物保护单位。

聚奎塔塔身分为七级，塔内中空，有砖砌环形层体，并有螺旋步级通上塔顶；塔基分为三级；塔刹下部为半球形公定座基，上为葫芦形宝顶塔刹；塔体仿唐代建筑，每层的密檐为砖砌支承，塔顶为圆顶；塔顶部用圆顶逐渐缩小，风格细腻匀称，给人以安定优美的感觉（图 4-43）。

图 4-43 琼海市聚奎塔

（二）澄迈县美榔姐妹塔

美榔姐妹塔，又名美榔双石塔（图4-44），位于澄迈县金江镇美榔村。这是宋人陈道叙为怀念他的两个女儿（长女出嫁，次女出家）捐赠的。双石塔造型独特，结构精巧，雕刻逼真，反映了宋元石刻文化的精髓，也为后人研究宋元石刻文

图 4-44　姐塔（左上）、妹塔（左下）、美榔姐妹双塔（右）

化艺术提供了宝贵的实物。这两座塔相距20米，均配有斜坡台阶和桥台墩，顶面四周设置石栏杆。它们在南部和北部并排建造且都建在水池里，地基是玄武岩。美榔双塔技术独特，意义非凡，保存完好。

　　姐塔（南塔）自东南向西北，距地面10米。它是一座六角形的六层楼阁，檐式条石结构，共7层。自第四层起外壁隐出半圆倚柱，开尖形券门，龛内无佛像，须弦座正中雕有带冠坐像一尊；塔内空间狭窄，人们无法爬到塔顶。妹塔（北塔）自东向西，距地面9.8米。它是一座为四方形七层楼阁式塔，檐式条石结构，共七层。塔内空间狭窄，人们无法爬到塔顶。每层外壁内龛均雕有佛像，姿态各异，须弦座上沿为莲瓣连续纹饰，四面刻有象、狮、獬豸、虎、马、麒麟等瑞兽和佛教图纹浮雕，四角还雕有力士顶托，刹为相轮、圆珠宝顶。

海南美榔双塔整体造型和谐美观，石刻浮雕精美，生动地反映了宋末元初的社会世俗生活，堪称琼州石塔的艺术瑰宝。建材采用琼北火山区玄武岩，用榫眼凹凸相接，条石干摆不黏合。经过800多年的风雨侵蚀，虽然有风化破坏，但主体建筑并未倒塌和损坏。

（三）定安县见龙塔

　　见龙塔，又名龙滚塔、仙沟塔，位于定安县城东南约7公里处的龙滚坡上，为八角形七层楼阁式塔，通高20余米，砖砌结构。清乾隆十六年（1751年），为知县伍文运、绅士林起鹤等捐资始建。见龙塔系水口盼水塔、农业祈水塔。1986年，定安县人民政府定其为县级文物保护单位，并着手抢救和保护。1996年，定安县文化馆集资对见龙塔进行修缮，使其保持昔日风姿（图4-45）。

图 4-45　定安县见龙塔

（四）文昌市斗柄塔

斗柄塔，位于海南省文昌市铺前镇七星岭，始建于1625年，塔平面作八角形，共七层，层层收缩递减，每层有拱门，内设螺旋式阶梯可登塔顶。塔高约20米，塔顶葫芦已废。现仅存覆盆，塔基围44.8米，塔身厚3.55米。塔门向西，门额石匾刻有"斗柄塔"三个字，上款刻"明天启五年孟冬月建造"，下款刻"清光绪十三年孟重修"（图4-46）。

明代礼部尚书王弘海（定安人）致仕后，以航标和镇妖为目的，奏请朝廷拨款建此塔。此塔不仅是海上航运和渔船作业的特殊航标，也是研究海南古塔的发展历程的可贵实物资料；此塔是海南唯一获得朝廷拨款修建的古塔，现属全国重点文物保护单位。

（五）万宁市青云塔

青云塔，前身为文魁塔，位于万宁市万城镇东南郊山尾岭上，与东山岭相对峙。为八角形七层楼阁式塔，通高30米，坐东朝西，砖砌结构。由明万历年间在任知县修建，后毁费；清道光壬辰年（1832年）本地绅士和群众捐资重建。

青云塔全部用红砖、黏土灰砌筑而成，无塔基，塔身直接修建于花岗岩露头上；塔内中空，有螺旋步级通上塔顶，可登顶眺望；塔刹下部为拱顶刹基，上为葫芦形刹体，刹体有损（图4-47）。

（六）三亚市迎旺塔

被誉为"南海第一塔"的迎旺塔位于三亚市崖城镇城西小学西南方、原度寺左边，建于清道光三十年（1850年），至第二年的咸丰元年(1851年)竣工，也属于风水塔（图4-48）。

据郭沫若点校的《崖州志》卷五记载："迎旺塔，在城西门外广度寺左，咸丰元年知州徐咏韶同州人捐建。"该塔高16米左右，共7层相叠，由下而上逐层逐级变小至顶时呈尖顶形状。每层有向外

图 4-46　文昌市斗柄塔

图 4-47　万宁青云塔

图 4-48　三亚市迎旺塔

伸出并环绕塔外身的三叠檐分隔样式。三叠檐下有二层花边彩绘，分橙红色和灰黑色打底。所绘花纹图案现已到驳迷蒙，隐约可见。塔身内外呈八角形，首层塔身内径约 3.2 米，塔外身呈八角形的每棱面幅宽约 1.7 米。塔门朝东北方向，第一、二层皆为拱形门、窗口。第一层拱形口是作为塔门，供人们进入塔内仰观俯察。第二层拱口作为窗户有利通风透气。拱门高约 1.7 米，宽约 0.65 米，均用砖窑烧制的灰砖拌石灰砌筑结成塔。日军侵琼时期，迎旺塔被日寇强占作为碉堡、哨楼使用，塔身惨遭洞凿。

迎旺塔朝东的拱形门额上镶嵌一块石匾，上刻"南海第一塔"五个大字，更有趣者，是它的落款为"咸丰元年元月元日"。"三元"在这里绝不是巧合，而是有它深刻的文化内涵。原来，古代奉祀的玄天上帝，在岭南民间多称北帝，即玄武帝，是主北方方位之神，又司水，"三元"即是道教所指的天、地、水；古代的科举考试乡试、会试、殿试第一名，也叫三元，即解元、会元、状元。主持建造迎旺塔的是来自江西南昌的崖州知府徐咏

韶，他希望崖州人民在玄武大帝保佑下康泰平安，也希望这里的人文运昌盛。

二、桥

桥是路的延伸，它们静静地横卧在河流之上，桥墩扎根河泥，撑起一道道便利的水上交通线。在古代，海南岛道路交通不便，江河溪流上以浮渡为主。据记载，自宋代起，海南的架桥多以木桥、石桥为主。

（一）海口市仁南石桥

仁南石桥（图 4-49）位于海口市龙华区新坡镇仁南村，建于清乾隆年间，为四孔圆拱石桥，是海南较有代表性的石桥之一。

（二）海口市龙泉镇雅咏村石桥

唐朝宰相韦执谊建造的石桥位于今海口市龙泉镇雅咏村。该石桥是海南现存时代最早的石桥。

韦执谊，字宗仁，京兆杜陵（今陕西西安）人，在唐顺宗时成为宰相。宪宗即位后，被贬为崖州司马。

韦执谊谪琼期间，主持修筑"岩塘陂"和"亭塘陂"，用于蓄水和引水灌溉农田。他就地取材利用当地的火山岩石

图 4-49　海口市仁南石桥

材在水利设施"岩塘陂"之上建造了一座石桥。这座石桥为拱形桥，单孔，下有桥基，水面以上有8层用条石砌筑的金刚墙，上面再有5层斜壁，顶部用两层石板平铺。底宽和高均有3米多。石条之间目前有较大的缝隙，但在个别地方有用白石灰填缝的迹象。

（三）临高县博厚镇透滩村石桥

博厚镇透滩村石桥始建于南宋开禧元年（1205年）。为南宋人王良选建造。根据史料记载，王良选是临高县第一批举人，也曾经是被贬到海南的"五公"之一胡铨的学生。中举后担任广西玉林州司户，晚年致仕回乡后发现村民去村头河对岸往往要绕一大圈，为了村民行路方便，就在村头河上用石头建造了一座梁桥。该桥一孔，左右两边的金刚墙全用石条砌筑，上覆石板（图4-50）。

（四）文昌市文城镇横山村承先桥

文昌承先桥位于文昌市文城镇横山村，始建于清康熙三十九年（1700年），历时五年多的时间建成使用。梁桥多达11孔，代表了海南清代的梁桥建桥水平。是海南现存古代桥梁中最长的桥之一。

图4-50 临高县博厚镇透滩村石桥

承先桥建于横山村西北的竹根溪河流上，因文昌县邑绅云志高决意承其母之志而捐资兴建，故名"承先桥"。咸丰五年（1855年）重修。至今保存较好，仍可在桥上通车。该桥采用了石堤式筏形基础建造技术，全部用石条砌成梁桥。全长80米，宽5.4米，多达11孔、12个桥墩，每座桥墩均用整块石头层层横向叠压而成。桥墩前后两端呈弧形，石条长0.5米，高0.3米，厚0.2米。分水金刚墙平直，上面用大石条压顶，每洞孔宽2米，每座桥墩宽也在3米左右（图4-51）。

（五）三亚市崖城镇水南村拱桥

今三亚市崖城镇水南村管沟上有一座拱桥，始建于清朝康熙九年（1670年），至今保存较好。2009年5月，被海南省人民政府公布为第二批海南省文物保护单位。

拱桥，又称"券桥"，因其有券墙构筑而得名，主要特征是"桥身向上拱起，桥洞采用石券做法。"拱桥的建设还要运用到力学的科学原理，这样才能牢固并长期使用。因此，拱桥最能反映出建桥的科技含量。

该桥是由一位名叫性俊的广度寺和尚筹募资金自行设计建造的。该桥横跨在古代的官沟之上，长15米，宽4.5米，拱高4.76米，只有一个桥孔，用砖石混砌，呈南北走向。桥孔略呈半圆形、两边的金刚墙垂直而立，用条石叠砌。拱券用长方形小砖砌面，券顶用三层护拱砖平铺。桥面平坦，至今仍有行人通行，历经300多年使用而不倒塌（图4-52）。

图 4-51　文昌市文城镇横山村承先桥

图 4-52　三亚市崖城镇水南村拱桥

三、牌坊

　　牌坊是古代官方的称呼，百姓俗称为牌楼。牌坊作为一道人文景观，在一定程度上反映了某个地区的历史文化和地方特色。

　　牌坊不是随便而设的。首先，被立坊人必须在地方上有一定的声望或地位，符合褒扬条件，然后由地方乡贤或官员呈报朝廷，经礼部拟名核定后，由皇帝下旨，按其规制才能正式立坊。牌坊的结构自成一格，通常集雕刻、绘画、匾联文辞和书法等多种艺术形式于一体，融合了古人的

社会生活理念、封建礼教、传统道德观念、民风民俗等，具有较高的艺术魅力和审美价值，并蕴含着丰富的历史文化内涵。

（一）定安县雷鸣镇太史坊

　　太史坊，位于定安县雷鸣镇龙梅村，始建于万历二年（1574 年），系右副都御史殷正茂，巡抚广东监察御史张守约为国史官王弘海所立纪念物，故称太史坊（图4-53）。太史坊是海南现存最完整的明代石牌坊，1994 年被公布为海南省文物保护单位。

图 4-53　定安县明代太史坊

　　坊面宽三间，明间（除柱）宽 2.84米，次间（除柱）宽 1.3 米，总高 5.1 米。明间太史坊额石面宽 0.8 米，长 3.1 米，顶盖及专额石之间竖一石，上刻"恩荣"二字。太史坊额外负担石正面中间阴刻横写正楷字"太史坊"，右侧阴刻直写小楷"总督闽广粮饷巡抚广东兵部尚书兼右副都御史殷正茂，巡抚广东监察御史张守约为"，左侧阴刻直写小楷"嘉靖乙丑科会试第二十名进士第翰林院编修文林郎同修国史王弘海立，万历二年甲戌孟冬吉日"。太史坊背面阴刻横定正楷大字"解

元坊",左侧阴刻楷体小字"嘉靖辛西科广东乡试第一名王弘海"。明间大柱对面刻有楷字对联"石柱擎天秀毓南溟开五指,瑶台贯斗光摇北极应三台",传为明代著名书法家董其昌所书。

(二)临高县博厚镇节孝坊及礼魁坊

节孝坊(图4-54),一座和女人有关的中国式建筑,是清乾隆年间为纪念王浚极妻子符氏所立。符氏23岁丧夫,生有两子,长子王一圣,次子王一贤,符氏历经磨难,送二子进国子监读书,长子王一圣中恩贡,次子一贤中拔贡,以忠义孝节誉满京城。为了旌表这位符氏的美德,乾隆御旨敕令太子少保亲临透滩村建坊表彰,以昭示来者。

图4-54 节孝坊

该坊为三重檐牌楼式石坊,庄重威严。牌坊的间数为三间,当中的一间宽大,当时以利车马通行;左右间窄小,供行人出入。除有四柱三门的坚实结构外,两面柱基还塑有抱鼓雕刻石象和石狮各1对,造型粗犷,雄伟独特。其中的石象在川南地区罕见。

礼魁坊(图4-55)建于明朝景泰六年,特别为王佐而立,为表彰这位才华横溢的国子生,代宗敕令监察御史彭烈等为王佐建竖"礼魁坊"以昭示后人。

图4-55 礼魁坊

(三)儋州市三都镇颜塘漾月坊

颜塘漾月坊位于儋州西北部德义岭东麓的三都镇漾月村内羊氏宗祠前,建于明朝。牌坊为一间两柱通天式石牌坊,面朝南方,高2.46米、通宽2.1米。坊额阳刻"颜塘漾月",阴刻"颜塘镜"。

据《儋县志》载:由于"每当月照塘中,波光荡漾,水光月光如金银宫阙在目前焉"而得名"颜塘漾月",成为古儋州八景之一。据了解,漾月村前原先那一片宽达数百亩的水塘,不知什么时候起,已经淤塞,目前变成了翻滚着碧浪的大片水田。只剩下公路边还有一口不再清澈的小水塘,让人依稀联想起这里曾经碧波万顷映明月的旧貌。现在颜塘不再,"一轮明月漾颜塘,秋水涵珠夜吐光"的美景也已不复存在,只剩牌坊还在原地矗立着,记载着曾经美好的画卷(图4-56)。

(四)海口市永兴镇美梅村"耆年硕德"坊

"耆年硕德"坊建于1922年2月,

位于海口市永兴镇美梅村东。牌坊正中有孙中山为美梅村寿民吴汝功题写的坊名。

该牌坊的结构为四柱重梁三架楼式，中间两柱上施过梁，梁下有门楣、额坊、垫板，门楣下有铁梁承托；过梁上置以6个坐斗（两次间分别置3个坐斗），中门楣上透雕"二龙戏珠"。牌坊为九脊歇山顶，正脊两端雕鸥吻，中间立体雕宝瓶，前后顶两坡原施以立体铁制四大金刚拉拽，垂脊和戗脊上均施有走兽，坊顶浮雕出瓦垄、勾头和滴水。牌坊的重梁、四柱和额板浮雕有"丹凤朝阳"图案，雕工精美，形态生动，可谓清代石雕艺术的精品。该坊每柱前后分别施以夹柱抱鼓石，其上各有一蹲居的立体石狮，均姿态生动逼真。石鼓面部雕有麒麟、鹿、羊、凤等祥瑞兽禽，周边雕有缠枝莲、梅花等装饰图案，可谓近代石雕艺术的精品（图4-57）。

图 4-56　儋州市三都镇漾月村坊

图 4-57　海口市永兴镇"耆年硕德"坊

思考与实训

1. 从平面布局和建筑特点分析儋州东坡书院与宜兴东坡书院的相同点和不同点。

2. 浅析一座你熟悉的牌坊或石桥。

3. 手绘澄迈美榔姐妹塔。

第五章 海南民间建筑的
陈设艺术

房子里的照片、奖品和家具可以反映房主的性格、兴趣和爱好，让我们更多地了解户主。最漂亮的家具直接来自生活，即人们珍视和保存的纪念物品，这些陈设品可以告诉我们这些物品背后的许多故事。

第一节 ｜ 海南民居府第建筑室内陈设的艺术风格

海南各族人民在多年的生产生活实践中，根据不同的地理、气候条件，创造了具有不同特点的建筑形式和装饰风格。

一、海南民居府第建筑室内陈设的类型

（一）牌匾

牌匾就是人们常说的匾额。是中国古代建筑最常见的装饰物，匾额常悬于门楣、窗楣或厅堂显眼处，与建筑、文学、书法等艺术形式相结合，以显示建筑物主人的门第层次、道德修养、处世哲学和精神寄托等。匾额是中华民族传统文化的重要标志，更是建筑物的灵魂和眼睛（图5-1、图5-2）。

图 5-1　文昌孔庙康熙帝玺印牌匾

图 5-2　临高龙楼桃源庙牌匾

海南传统建筑中的牌匾根据形状可分为横匾和竖匾两大类型，且大都是木质材料。现今牌匾已渗透到人们生活的方方面面，形制和内容也更加丰富多彩。庙宇牌匾的名字一般多为供奉神仙的名字，而中举者住宅大门上刻有"进士"的匾额则由官府颁发，作为一种荣誉的象征。除了建筑物或商铺名称外，匾上文字更多的是对建筑物的评价之词，或者是表达主人追求、喜好和祝福的词语。这些形式内容丰富的匾额，是反映海南本土传统文化、教育和信仰的重要研究资料。

（二）神龛

神龛，在海南亦称"公阁"，海南有些地方也叫"公棚""神床"，是民间家庭中供奉本家祖宗神主的地方。神龛一般设在客厅的正上方。有些神龛制作非常讲究，要选用上等的木头制作，上面雕龙刻凤，非常精美。神龛上面按照左昭右穆的顺序摆放祖宗神主，下方置有香案和八仙桌，供四时祭祀之用。八仙桌左右各放太师椅一张，平时可作为家中会客之用（图5-3）。

图5-3　乐东九所高家神龛

平常的时候，神龛上面的所有东西都不能随便挪动的，家长平时要叮嘱家中儿童，不要乱爬乱翻，否则就会触犯家神。每逢大祭，要打扫清理神龛，但禁止用扫把进行清理，否则就会玷污了祖宗。神龛多见于老祖屋，海南现代民房一般不再建造，只是在客厅的中间挂上写有"神"字或"本府世系"表，以替代神主。

某些神龛上有着多层"花罩"，由龛门、围屏、吊联、框楣等组成，神龛各构件都镶着大小不一的木雕图案，各层雕刻图案的意义也不一样。神龛里面置着神牌目楼，起到了分割、美化、挡风的作用。

（三）门槛（封）

在海南传统的住宅中，大门口一定会有门槛，门槛是指门下的横木，人们进出大门均要跨过门槛，古时候的门槛很高，与膝盖处于同一水平线，如今的门槛已没有这么高，只有一寸左右。门槛除了可以用木材制作外，也可以将窄长形的石头，固定在大门下方的地上作为门槛。

门槛在风水学上也有很多的讲究。在海南传统建筑中，大门入口都会设有门槛，它在风水学中的作用是阻挡外部不利因素进入家中，并防止财气外泄。

门槛还明确地将住宅与外界分隔开来，既可以挡风防风，又可以把各类爬虫拒之门外，因而实用价值很大。家里的长辈总是告诫我们不要踩踏门槛，长辈们认为门槛是家神所在，踩踏是对家神的不敬；有人还说"门槛可以挡煞，不能踩踏"等等（图5-4、图5-5）。

图 5-4　澄迈罗驿村祠堂门槛　　　　　　　　图 5-5　门槛（封）

（四）家具

海南民间传统琼式家具式样丰富、工艺精湛、图案雅致，其材质有花梨、柚木、坡垒等多种木材。木雕在装饰面，桌椅和床等上面也有多种多样的展现。如：福寿八卦饰板、柚木镂空花鸟纹矮脚吊线门、花梨镂空宝瓶纹双人架子床等。

由于海南岛四面环海，有大量的水蒸气在空气中，空气偏潮湿，因此海南民间家具的材质要具有防潮、防霉、防腐等性质，造型轮廓宜简练大方，比例宜适度，结构要坚实牢固。这些琼式家具不仅代表着家族的一段辉煌的历史记忆，同时也承载着海南传统文化，为研究海南琼式家具的发展变迁提供了一个有力的实物参考。

面对这些海南传统家具时，我们应表现出自豪与敬意，这份自豪、敬意体现在对待老宅和老宅内陈设的态度上。先辈留传下来的遗产是宝贵的，我们应充分发挥其历史和艺术价值。这些都是无价之宝，希望古屋和陈设物在得到更好保护的同时，也吸引更多人来参观，带动海南民间传统文化的发展（图 5-6 ~ 图 5-8）。

（五）书画

在海南传统民居里，往往能看到墙壁上有一些书画装饰。其中，文昌民屋壁画就被认定为文昌市的非物质文化遗产项目。文昌人比较讲究民居住宅的装饰，历来建房造屋都有绘制壁画的习俗。这些壁画取材广泛，乡土气息浓郁，大多是画在屋檐下进行装饰。除了在大门上方、门窗上方以外，主梁两端和下方也有绘制。这些壁画内涵丰富，既是吉祥画，也是一

图 5-6　琼海蔡家宅室内家具陈设

图 5-7　海口东山镇排山村曾氏新建传统民居室内家具陈设

图 5-8　三亚保平村张家宅厨房陈设

道美丽的文化风景。有些壁画经历了上百年的时间，即使主梁现在已经陈旧不堪，但这些壁画却依旧散发着光芒。这些壁画，是民间画师们自成流派的一种建筑装饰，同时也展现了海南乡间手艺人的智慧。

　　人在琼岛，壁画是传统，人在岛外，壁画是乡愁。精美的民居壁画，被人们用来装点民居门面，记载民居历史，承载着民居主人对未来美好生活的期许。有些壁画师被海外华侨邀请到国外绘制壁画，将这项海南民间建筑装饰艺术传播得越来

远，也在海外琼籍乡亲中荡起一抹绚丽乡愁（图 5-9、图 5-10）。

图 5-9　民居室内书画装饰

图 5-10　民居室内手绘壁画

二、海南民居府第建筑室内陈设的方式

根据陈设在室内空间中的位置和高度的不同，室内陈设可分为墙面陈设、台面陈设和落地陈设等。

（一）墙面陈设

墙面装饰是一种广泛使用的装饰方法。例如，摄影、书法、绘画和剪纸通常通过悬挂和镶嵌的方式固定在墙上。墙面陈设形式根据陈设数量可分为单体陈设和群体陈设两种。无论壁饰中使用什么样的陈设，都应根据空间的大小、氛围和特点进行选择。在选择家具的类型和高度时，我们应该注意家具是否合适。

这里主要从椰雕和贝类艺术的角度探讨海南民间建筑的墙面装饰。

1. 椰雕

在长期的历史发展中，海南人已经学会了使用容易获得的材料作为室内装饰。椰子壳经过精细加工后具有很高的装饰性。椰子壳的装饰色彩朴素自然，具有强烈的热带风格。可用于客厅、卧室等墙面装饰（图 5-11）。

图 5-11　海南特色椰雕装饰挂画

2. 贝艺

贝类艺术是利用海洋中各种贝类生物的壳进行设计、开发和装饰加工的一种装饰艺术。由于各种贝类的表面光泽不同，图案风格各异，我们可以生产各种风格的配件，如立体沙画、贝壳瓷杯等。另外，经过打磨处理后的贝壳，光泽性好，可作为室内局部饰面材料和墙面装饰物（图5-12）。

（二）台面陈设

台面陈设是将陈设放置在各种桌面上以供欣赏的一种展示方式。例如雕塑、古董、装饰品和绿色植物，一般来说，台面

图 5-12 贝雕锦绣前程

包括书桌、展示柜和书桌。台面陈设的陈设方式按照陈设特点可以分为对称式陈设和自由布置两种。在台面陈设的使用过程中要注意陈设方式要同时满足人们的实用性和装饰性陈设的需求。

这里主要以雕刻、陶艺、编扎等为切入点来讨论海南民间建筑的台面陈设。

1. 雕刻

海南汉、黎、苗、回族民间雕刻都有着悠久的历史，而且雕刻材料丰富，绝大部分为海南岛陆上和浅海所产，包括各类优质木材、果壳、动物的骨角、珊瑚石、泥土等。相对而言，雕比塑要发达。雕刻种类多，内容丰富，如椰雕、角雕、贝雕、珊瑚石雕等工艺品，都可以成为本地建筑台面陈设的佳品（图 5-13）。

2. 陶瓷

海南陶瓷的烧制历史有五六千年。黎族原始制陶技艺是海南原始文化的奇葩。海南澄迈福安古窑在宋元明时期被列为中国主要窑址，为海南留下不可估量的文化遗产，在强调挖掘本土文化的今天，它尤

图 5-13 海南花梨木雕："五子戏弥勒"摆件

其有价值，传承历史文化，创造出一种全新的、具有完整东方色彩的现代陶艺，尤其是酒店房间的台面陈设，让人感受到强烈的海南风格（图 5-14、图 5-15）。

3. 编扎

海南岛是一个热带岛屿，植物种类繁多，可用于编扎的材料十分丰富，有竹、木、藤、棕、椰等。早在新石器时代，海南岛黎族先民已就地取材，编扎出简单实用的器具。随着社会的发展、技术的不断创新，编扎技艺由粗朴向精良发展，编扎品领域不断扩大，种类日渐繁多，精品不

图 5-14　陶艺花瓶

图 5-15　陶艺台面陈设

断问世，同时也为民间建筑陈设提供了多种特色的选择（图5-16）。

（三）落地陈设

落地陈设主要用于体积过大或高度相对较高的陈设品。一般落地陈设除了具有装饰功能外，还起到分隔空间和引导路线的作用。落地陈设有中型绿色植物、雕塑、花瓶等（图5-17）。落地陈设通常体积较大，单独展示，因此陈设品的摆放位置应考虑其是否影响人们的正常生活和活动。

这里主要以海南乡土植物为切入点来讨论海南民间建筑的落地陈设。

室内植物比任何其他室内装饰都更有生命力和魅力。它可以丰富剩余的室内空间，给人们带来新的视觉感受；同时它也可以与灯具、家具结合，增加其艺术装饰效果。绿色植物摇曳的形态和鲜艳的色彩常常使它成为人们关注的焦点。用于室内的植物装饰，不一定需要用土或营养液种植，根据植物的特性，直接插在花瓶里观其形也别有一番滋味，例如：蒲葵。蒲葵可以直接插在花瓶里，后期叶子干枯了，其形像一把把扇子，也很好看。海南常用的室内摆放植物还有发财树、绿萝和龟背竹等

图 5-16　海南水果竹筐、竹托盘

图 5-17　椰、贝雕瓷瓶摆件

（图 5-18）。

图 5-18　落地花瓶插上蒲葵装点现代室内家居

三、海南民居府第建筑室内陈设的美学语言

人们进行室内设计和装饰通常有两个出发点：一是将房间视为个人使用的世界，装饰自己喜爱的物品；另一个是取乐来访者，展示房间布局的美。在民居的设计中，最美的布局原则应该是从生活中的对象、关注的事物和能引起回忆的故事中来，不要陷入所谓的现代主义潮流，植物、花卉等表面装饰之流。

室内陈设装饰设计是一种具有一定创新性和美感的设计，通过室内陈设和选择不同的室内陈设和装饰，创造不同的生活感受，增强室内设计的美感和效果。陈设不仅可以丰富层次感和空间美感，还可以体现主人的艺术品位和个性特征。可以说，陈设品的选择本身就是一种艺术行为，选择符合室内设计理念的陈设品，可以达到整体的艺术审美效果。无论什么样的室内陈设和装饰，其最终目的都是协调人们在设计中对美的追求，使人们能够更好地将自己的生活理念和生活方式融入到

建筑室内设计中，通过更加人性化的手段和载点来表达，提高商品的使用价值，同时也表现人们丰富的情感。

（一）屋室陈设之美

室内陈设的设计形式是由空间、造型、色彩、光线、材料等要素共同创造的整体审美效果，或简单概括为形、色、光、质的完美组合。美的形成和欣赏是一个定性和定量的过程，需要长期积累、丰富的想象力和巧妙的构思、独特的造型特征、准确合理的空间布局、准确的配色局部陈设服从于全局。

室内展示设计的艺术美是整体艺术氛围的表现。为了更好地追求室内设计的艺术美和实用性，室内设计的构建和处理更加注重人性化，只有符合人的身心发展，才能在此基础上追求时尚的艺术风格。只有满足用户的心理追求才能创作出优秀的设计作品，更好地实现艺术美与功能性的高度统一。

这里以海南黄花梨家具为切入点来讨论屋室陈设之美。

海南黄花梨是制作家具的最佳木材之一——不易开裂、不易变形、易加工、易雕刻、纹理清晰、香味浓郁，再加上工匠精湛的技艺，海南黄花梨家具已成为中国古典家具的典范。

海南黄花梨自明清以来一直备受名流们的推崇，因为它材质上佳，线条优美。欣赏黄花梨家具，主要是欣赏它的造型美、装饰美和材料美。

①造型美。明式家具简洁大方，线条自然流畅，舒适实用，比例适中，轮廓舒

展。明式家具除了线形外，还饰以雕刻、镶嵌和辅助构件。清式家具追求豪华、时尚，追求丰富多彩，讲究巧夺天工、风格多变、身躯厚实，其装饰以雕刻和镶嵌为主，精雕细琢、镶嵌金玉。

②装饰美。明式家具的特点是简约，以线形松散装饰为主。通过极其丰富的线性变化和与表面的完美结合，家具优雅、美观，赏心悦目。

③材料美。海南黄花梨木材自然美丽，木材质地致密坚硬，色泽淡雅明亮，纹理清晰光滑，生动多变，或隐或现，自然美丽，最具观赏性。（图 5-19 ~ 图 5-24）。

传统民居的家具布局多采用成组、成套的对称方式，以临窗迎门的桌案为布局中心，配以成套的桌椅、橱柜、书架等，成套对称布置。书画、挂历、文物、盆景等陈设品与褐色家具、白色墙面相互配合，形成了综合的装饰效果。民间家具历史悠久，结构坚固耐用，用材合理，艺术风格浓厚。传统家具的特点是榫卯无钉，胶料连接，节约用材。一般来说，没有单板的表面材料，而是夹心四个边

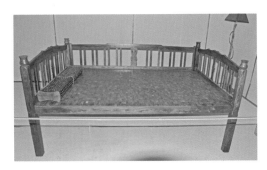

图 5-20　海南黄花梨架子床

图 5-21　黄花梨木雕家具

图 5-22　黄花梨沙发桌椅

图 5-19　老家具沙发

图 5-23　黄花梨花鸟顶箱柜

图 5-24　黄花梨木雕花鸟高低床

材的薄板，并注意木材的纹理，比例严谨，造型古朴典雅，家具的轮廓线富有表现力。

（二）传统装饰之美

海南岛作为中国的一个热带岛屿，在长期的时代发展和社会演变中，形成了独具海南地域特色的传统文化，拥有丰富的民族文化资源。如何更好地将当地传统文化元素融入室内装饰设计中，对于继承和弘扬民族文化，使之成为海南岛走向世界的名片，具有重要的意义和价值。

这里以黎锦为切入点来讨论传统装饰之美。黎族是一个没有文字的民族，黎族人民靠织锦来记载他们富有神奇色彩的史书。总之，黎锦不仅是黎族人民日常生活的需要，也是黎族文化"活"的体现。因此黎锦具有丰富的内涵，包括历史传承价值、资料研究价值、审美艺术价值和经济利用价值等。

黎锦有着 3000 多年的悠久历史。黎锦不仅是指黎族传统的纺、染、织、绣四大技艺，而且是指利用天然植物原料和独特工具，通过纺、染、织、绣等技艺加工而成的棉织工艺品。据统计，黎锦共发展出 160 多种精美图案，主要分为六大类：人体图案、动物图案、植物图案、几何图案、日常生活生产工具纹、汉文字。黎锦图案丰富多彩，以黑、深蓝为主基色，红、黄、绿、白相间，色彩鲜明，层次感强。每一个元素都有自己的寓意，蕴含着古黎族最原始的创造和审美表达。提炼当地的象征性设计和设计语言，使其重新解构和设计，能为现代建筑立面装饰和室内装饰提供灵感，也为室内陈设中的沙发垫、窗帘、枕头、床单和陈设品的设计提供丰富的创意材料（图 5-25、图5-26）。

（三）精细雕花之美

海南的黄花梨一直被认为是中国最贵的木材之一。用它制作的家具结构坚固，榫卯连接良好。在今天的古典家具市场

图 5-25　海南黎锦壁挂大力神图

图 5-26 《红色娘子军》

图 5-27 海南黄花梨皇宫椅

中，它也正在成为一种时尚。

这里以海南黄花梨家具为切入点来讨论精美雕花之美。

皇宫椅是由环椅发展而来的，是皇帝专用的。图 5-27 中的海南黄花梨精工皇宫椅，在保留圈椅的形制上增加托尼龟足，靠背板、扶手等，由简入繁，雕龙画凤。背板三段攒框，上段开光镂空雕变体卷草花纹，中段镶素面瘿木，下段起亮脚，外轮廓似倒挂的蝙蝠；扶手如弓，末端雕花洞孔交错，独板硬屉，鬼脸纹理绚丽多变，工料精绝，造型华丽大气。

图 5-28 中的梅兰菊竹屏风为全榫卯结构，无色蜡无拼补，保留了黄花梨原有的纹理。纹理漂亮，工艺精细，面板有梅兰菊竹雕花图案，寓意着四季发财，如意安康。

图 5-28 海南黄花梨梅兰菊竹屏风

第二节 ⋮ 海南民俗文化建筑室内陈设的艺术风格

一、学宫、书院

崔城学宫（孔庙）位于现海南省三亚市崔城镇内，是古崔州最高学府，也是海南岛上最南端的孔庙。大成殿（图5-29）为正殿，作为学宫中最主要建筑，其也是主空间序列的高潮，殿内祭奉孔子及四配（颜子、曾子、子思、孟子）。现门头悬有匾额，上题有"大成门"三个字，由清雍正皇帝亲笔御书，殿堂重檐歇山顶，朱门红墙，屋面为金黄色琉璃瓦所铺，屋脊上点缀有双龙戏珠的装饰。

图 5-29 大成殿

崔城学宫恢复了大成殿、大成门主要器物的陈设，展示孔庙原有的历史风貌。大成殿内恢复陈设有：孔子和四配塑像

共5尊及木雕神龛、十二哲人牌位、大小供桌、香炉烛台和各种祭器；主要乐器有一架16口编钟、一架24块纺馨、古琴、笛、箫、牌、大吊钟、楹鼓、十六戟架等（图5-30）。

二、宗教建筑

宗教建筑的布局和陈设都严格按照周礼制度。由于是供神和敬神之所。故历代在建造时不惜重资，选用上好的材料，讲求施彩描金、精雕细刻，表示出对神的敬重之情。

图 5-30 大成殿内部陈设

（一）道教宫观

道教宫观是道士供奉道家祖师和进行

宗教活动的庙堂。其中神殿也被称为神堂或殿堂，处于建筑群的主要轴线上，为整个建筑群的主体。殿堂内设置神灵塑像或画像。为了增加神殿的威严与肃穆气氛，使人在进入神殿后被神殿内的气氛感染，进而顿生虔诚敬仰之心，还要在神殿内布置多种装饰。这些装饰主要有华盖、幔帐、幡、幢、吊灯等。华盖本来是天子宝座上用来盖覆头顶的伞盖装饰，《古今注》上记载："华盖，黄帝所作也。"后世道教沿用，悬挂在神像头顶上端，象征神的尊贵与威严。幔帐，悬挂在神像之前，上面绣有白云、仙鹤等图案。幡，悬挂神像前之幔帐两侧。《太清玉册》卷五上记载："道家所用之幡，以表示天地人之象。"在神像前，还要挂吊灯，象征神光普照。

（二）佛教寺院

在海口市美舍河旁的大悲阁内供奉千手观音为主的观音菩萨。殿堂内正中的木制的宝盖里供奉着千手观音菩萨，左右装饰有莲花灯，周围饰以背光、欢门和幡。宝盖是罩于佛像上面的平顶圆柱形伞状物，质地不一，有丝质的，也有木制或金属制的。宝盖是由古代王者出行时的承尘伞状物演化而来的，作为佛的庄严饰物，其寓意是"佛行即行，佛住即住"。背光是佛像背后的屏风状的饰物，由各种吉祥图案，如七珍八宝等构成的，有的甚至只有一些花草卷纹图案而已，意在表示佛光普射四方。欢门是悬挂在佛前的方形大幔帐。上面绣以飞天、莲花或珍禽异卉等图案。因其两侧常垂有幡带，故又称幡门。幡是布列于佛坛四周的长条状的丝织或棉

织物，上面书写经文或敬语（图5-31）。

殿堂内的供桌中间有长明灯，供果、

图5-31　大悲阁内陈设

水、观音灵签等，左右放置着各种法器，有大磬、引磬、大木鱼、铃鼓及架子等。供桌旁备有功德箱，地上摆有叩头的拜凳，上覆拜垫。

殿堂内的右边设有通告黑板和签文，殿堂内的左边设有三坐观音，前方也放置有供桌、供果、水等（图5-32）。

（三）伊斯兰教清真寺

以三亚市天涯区清真北大寺为例，清真寺大殿内部按照伊斯兰教的礼拜习俗布

图5-32　大悲阁内左右侧陈设

设，殿内是伊斯兰教徒跪拜的地方，因此往往空间较大而空旷，整个清真寺内部以蓝白色调为主，给人感觉清新淡雅、简洁清爽（图5-33、图5-34）。

米哈拉布是阿拉伯语的音译，意为"凹壁""窑殿"，西方译为"壁龛"。其设于礼拜殿后墙正中处背向西的小拱门，朝向伊斯兰教圣地麦加方向，以表示礼拜的正向。与道教和佛教不同的是，米哈拉布不设置神像，伊斯兰教义禁止崇拜偶像，他们认为真主是无形的。除此之外他们还禁焚烧、焚香，因此也没有祭坛、香炉等。

在米哈拉布左侧放置一个落地钟，右侧设置木制敏拜尔（即宣教台）。在正上方悬挂一幅阿拉伯文的字画。

整个大厅的吊顶中间还悬挂几盏吊灯。大殿的地上铺设带有几何图案和花卉的长条形布垫和地毯用于礼拜，沿着周围的墙壁还放置有木制的小书架用于放置经书等书本，还有些许木几用于阅读经书等。

（四）基督教教堂

基督教海口堂位于海口龙华区义兴街247号，教堂内部简洁朴素（图5-35），舞台上设有台阶式的桌椅，左右两边挂着暗红色幕布，前方设有一个讲台，墙上设有一个红色的十字架和"以马内利"的字样，"以马内利"是一句宗教术语，源自基督宗教《圣经》，意思是"天主与我们同在"。讲台下左右两侧放置着唱赞歌时所用的两台钢琴，堂内左右整齐排放着长椅，左右两侧墙壁挂有字画装饰（图5-36）。

三、祠堂

祠堂（图5-37～图5-39）是供奉祖神和处理家族事务的场所。海南保存至今的古代祠堂建筑特别多，几乎每个村庄都有一座祠堂，有些村庄有两座甚至更多的祠堂。祠堂的室内陈设一般由供桌、案

图5-33　三亚清真北寺

图5-34　三亚清真北寺内部陈设

图5-35　基督教海口堂内部陈设

图 5-36　基督教海口堂内左侧

图 5-37　张氏宗祠内陈设

几、牌匾、神龛等物品组合而成。

供桌是指厅堂上放置的一种长方形桌子，高度约与方桌相等。祭祀时常供设香炉、蜡烛和摆放供品，故名供桌。

案几是用来摆放香烛贡品等的长方形桌子，常放置于牌位前。

每一座祠堂都有一个牌匾，而这个牌匾会雕刻各种相关的字。大部分牌匾都是木制而成，是因为祠堂整座建筑建构都是木质构造而成，这是早期的祠堂建筑的特色。

神龛是放置祖宗灵牌的小阁。神龛大小规格不一，依祠庙厅堂宽狭和神的多少而定。大的神龛均有底座，上置龛，敞开式。祖宗龛无垂帘，有龛门。神佛龛座位不分台阶，依神佛主次，作前中后、左中右设位；祖宗龛分台阶，依辈序自上而下设位。

图 5-38　胡氏宗祠内陈设

图 5-39　许氏宗祠内陈设

第三节 ┊ 海南民间建筑室内陈设的意义与价值

一、传播海南优秀传统文化，创新海南民居陈设工艺

陈设品作为室内环境的重要组成部分，蕴含着深厚的历史文化、风俗习惯、地域特色和人文取向。在许多优秀的室内装饰设计中，适当选择家具的形状、颜色和纹理是创造室内氛围可起画龙点睛之用。

陈设品在整个室内环境设计中有以下作用。

①创造和陈列格局。创新陈设的格局、内容和形式，将营造不同意境的环境氛围，深化主题，达到一定的目的。

②丰富空间层次和空间形象。在室内，由墙壁、地面和屋顶围成的空间是确定的。如果需要合理划分空间，用室内陈设品打造空间形象是首选办法，如用屏风、家具打造空间等。

③调整环境质感和空间氛围。建筑物的固定钢筋混凝土结构和一些其他金属构件使空间僵硬、冷漠和呆板。因此，增加一些柔软的家具，如植物、织物和艺术装饰，将使整个空间充满活力，带来亲切感。

④体现地域文化和民族风格。自古以来，在漫长的历史长河中，每个国家和民族都形成了自己独特的民族风格和地域文化。这些生活和观念上的差异会导致陈设风格上的差异。

⑤陶冶个人情操和审美情趣。室内陈设和装饰，如艺术品、书籍、工艺品、书法作品等直接反映了户主的文化内涵和个人喜好，都体现了户主独特的思想和美学观，也是个人精神自由的意向表达。

⑥体现传统风格和时代特征。室内陈设的造型、色彩、图案、肌理具有明显的时代风格特征。因此，它是室内时代特征的最直接体现，是现代风格、中国传统风格、海南乡村风格等不同风格的体现。随着社会的发展，特别是随着世界各种民族文化相互融合，室内设计的风格和流行呈现多元化趋势。

从海南民间建筑的陈设工艺美术到近现代建筑环境设计，我们的工艺美术与室内设计的视野应发生了根本性的转变，那就是由传统的"器以载道"的设计观转向近现代的"生活需要"的设计观。设计回

归日常生活正是近现代设计的基本精神，而本书论及的民间建筑的陈设工艺美术精髓已散发出类似近现代设计的思想的光辉。他们从"自然人情""宗法礼制"出发，其工艺美术更加贴近现实性，更加讲究对现实生活的观照，更富有感情色彩。

这种"百姓日用即道"的平民意识、民间习惯促进了民间建筑设计艺术的发展，并为近现代设计艺术创作由重"礼"向重"人"的转变奠定了艺术哲学的基础。

因此，传统文化在现代室内设计中的应用不是简单地机械性地照搬，而是要了解传统文化的历史渊源，从而对传统文化的内涵进行深入的分析和传达，而不仅仅停留在表面的设计形式上。保护和弘扬海南优秀传统文化，是每个人的责任。弘扬民族优秀传统文化，就要继续传承优秀精神，将传统文化应用于室内设计，在创新中继承其独特的精神文化内涵，形成具有浓郁民族特色的室内设计风格。总之，陈设品是室内环境的重要组成部分，在室内环境中占有重要地位，陈设品的选择是室内装饰的重要环节，无论我们着手什么样的室内设计，我们都应该同时考虑陈设品。只有这样，才能创造出一个完美多彩的室内空间环境。

二、传播海南艺术收藏文化，建设海南艺术收藏平台

海南是一个美丽的热带岛屿，有着巨大的文化宝藏。其工艺品长期以来被朝廷用作宫廷用品，并受到学者的赞扬，例如椰雕、珊瑚雕和海南花梨木工艺品等。在漫长的历史中，我们的祖先给我们留下了无数珍贵的文化遗产，现今它们仍然对我们的生活产生了巨大的影响，并一点一点地渗透到我们的室内陈设中。如今，人们对美好事物的内在渴望以及获取、组织和展示美好事物的本能逐渐爆发出来，工艺品、民间艺术、工业设计、建筑图、当代艺术家的家具、摄影和建筑设计都在人们收藏和展示的范围内。

在生活中，陈设艺术之所以如此受到人们的关注和喜爱，主要是因为人们有收藏的冲动和装饰环境的需要。只要我们谈论现代室内陈设艺术，我们就必须审视人类对室内陈设的早期探索。在洞穴时代，人类开始用反映日常生活和狩猎活动的壁画、象形石雕进行装饰，中国木构建筑的雕梁画栋、欧洲 18 世纪流行的贴镜、嵌金、镶嵌贝壳都是为了满足人们的视觉需求。可以说，人类从诞生之日起就生活在艺术之中，并延续了数千年。

直到架上绘画的出现，家庭室内布置绘画作品才开始考虑与整体装饰风格的协调，并与建筑装饰、雕塑、家具和陈设形成一个统一的整体，以使各种元素同属于一种风格。这极大地促进了视觉艺术的发展。当然，如何避免这种大一统中的单调已经成为首要考虑的问题。

在文艺复兴时期，室内装饰成为表达文化内涵的最佳方式（图 5-40）。

从文艺复兴到 18 世纪中叶，艺术品通常是整个室内环境的组成部分。到了 19 世纪中叶，从维多利亚时代一直到 20 世

图5-40 文艺复兴时期室内陈设装饰样例

纪末，室内设计的主要目的似乎是用各种收藏品填满房间，如绘画、挂毯、手稿和古代家具，墙上贴着图案丰富的墙纸，挂着各种装饰丰富的绘画或版画，桌子上摆满了雕塑和各种珍贵物品。在光彩夺目的繁荣中，各种风格风起云涌。欧洲和美国的家庭装饰经历了从希腊、罗马、埃及到文艺复兴风格的转变，也受到东方风格的影响。

尽管陈设艺术的历史与收藏艺术的发展历史不同，但通过对人们如何长期与艺术生活共存的研究，我们可以发现两者之间有着密不可分的关系。从家庭布局艺术品的历史来看，艺术品不仅是一种具有美化功能的装饰元素，更是一种反映精神文化取向的标志物，它是主人情感和智慧的体现。虽然艺术本身具有很强的个性和内涵，但我们仍然可以通过几种替代方法来达到"生活在艺术中"的目的，即艺术需要与整个空间环境和装饰相结合，才能具有生命力。

艺术品收藏活动进入了更多的公众群体，这是不争的事实。同时，艺术收藏的最初目的也是其发展的最基本推动力——

美化生活环境。陈设艺术设计的任务是在有限的资源下创造无限的艺术效果，如何以最少的投入来提高用户的鉴赏力，获得最佳的艺术效果是关键所在。通过展示设计，我们可以衬托甚至提高艺术作品的艺术表现力，充分发挥其在环境中的审美和文化功能。当然，我们必须理解，陈设设计不仅仅是放置艺术品，而是门综合艺术。

海南当地适合作为艺术收藏品的手工艺品包括椰雕、贝雕、海螺工艺品、珊瑚雕、黄花梨、黎锦和岛服等。

1. 椰雕

椰雕是海南岛雕刻艺术家用椰子壳雕刻而成的工艺品。早在明末清初，椰雕工艺就达到了相当高的艺术水平。在接下来的400年里，历代椰雕艺术家使椰雕技艺日益完善，逐渐形成了独具民族风格和地方特色的手工艺品。

海南椰子雕刻技术包括平面浮雕、立体浮雕、花卉浮雕和贝壳镶嵌雕刻等。品种已发展到800多种，包括餐具、茶具、酒具、烟具、花瓶，以及各种类型的挂屏、座屏等。其风格新颖，画面典雅，造型简单，质地轻盈，美观实用。近年来，为了跟上时代的步伐，椰子雕刻技术不断提高，各种新时代室内装饰艺术作品层出不穷，为我们的卧室增添了优雅气息（图5-41）。

2. 贝雕

海南贝壳雕刻技术在明代具有较高的水平，并逐渐与古代椰子雕刻技术相结合，形成了独特的艺术风格。海南贝雕大

图 5-41　海南民间椰雕工艺品

图 5-43　小动物形状海螺工艺品

多是用椰雕拼凑镶嵌而成，或者用椰雕作为底座。美丽的贝雕与古朴的椰雕形成强烈对比。近年来，海南以椰林风光、天涯海角、五公祠、火山口等名胜古迹为主题制作而成的各种小型贝雕画深受旅游消费者的喜爱（图 5-42）。

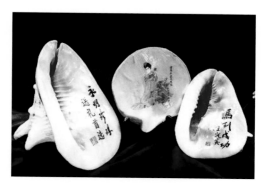

图 5-42　海南贝雕工艺品

3. 海螺工艺品

海南大街小巷随处可见普通海螺工艺品，造型各异（图 5-43）。然而，最有价值的海螺工艺品是由号称"四大名螺"的万宝螺、唐冠螺、凤尾螺和鹦鹉螺组成的工艺品。但因为过度捕捞，海南当地的野生万宝螺、唐冠螺、凤尾螺和鹦鹉螺已濒临灭绝。如今，海南很多地方已经实现了人工养殖"四大名螺"，海南省政府也出台了限制捕捞的政策，"四大名螺"的种群数量正在恢复。

4. 珊瑚雕

海南珊瑚雕一直是海南最受欢迎的特色艺术作品之一。它怪诞、美丽、华丽，白胜于雪，红胜于血，绿胜于玉，黄胜于金。经过工匠的精心挑选和加工，再加上贝壳、海柳和精致的底盘，它已成为一种雅俗共赏的盆景艺术。由于过度开发珊瑚资源，对生态环境造成了一定影响，海南省政府已启动珊瑚紧急保护措施，以限制珊瑚的开采和运输（图 5-44）。

5. 黄花梨工艺品

黄花梨的中文学名为降香黄檀木，又称海南黄檀木或海南黄花梨木。珍贵的海南黄花梨主要生长在黎族地区，尤其是昌江王下地区的海南黄花梨最为珍贵。海南黄花梨是制作红木家具的好材料，但数量少。它也可以用来制作手串、珠子或雕刻品，好的黄花梨工艺品价格昂贵，收藏价值高（图 5-45）。

图 5-44 红珊瑚工艺品

6. 黎锦

黎锦主要以织绣、织染、织花为主，刺绣较少。它主要用于日常生活，如制作妇女筒裙、摇兜等，是中国纺织艺术的一朵奇葩。黎锦色彩夸张浪漫，图案精美，色彩和谐，鸟、兽、花、人物栩栩如生，在纺、织、染、绣等方面具有自己的民族特色。各地黎族人民根据自己的喜好，制作精美、多彩、有特色的产品，具有苏州"双面绣"之美（图 5-46）。

海南本土收藏以收藏品和收藏文化为核心，以规模和特色取胜，涵盖黎族苗族文化、历史文化、海洋文化、华侨文化等系列产品，打造集高品质休闲、旅游、购物文化为一体的平台，助推艺术收藏和海南特色工艺品的研发，逐步形成海南旅游

购物的核心竞争力。

从市场角度看，海南地方收藏文化风情区项目具有良好的规划前景和欣赏空间。从社会效益和环境效益来看，该项目作为全省值得关注的重点项目，有利于整合海南旅游商品市场，改变目前的旅游商品格局。同时，规模化经营有利于海南旅游商品企业的发展，也可以加快海南旅游商品的产业化，在很大程度上减少游客的不安全感，激发游客的购买欲望，具有良好的社会效益和环境效益。

在组织建设上，要依托大环境，创造大文化，争取政府文化用地项目，利用藏馆、博物馆等实体机构规划收藏组织用地。将海南收藏文化推向全国，打造陶瓷、黄花梨、沉香、黄蜡石、黎锦等国际

图 5-45　海南花梨木雕："双龙戏珠" 摆件

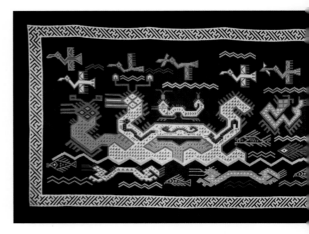

图 5-46　海南黎锦

收藏文化平台，在收藏的基础上开发更多的文化产品，变被动收藏为主动创收，以创收扩大收藏，以收藏传播文化，以文化传承历史，这将是海南收藏文化未来的发展趋势。

思考与实训

1. 说说你家乡民间建筑陈设的特点。

2. 说说你卧室中的陈设品有哪些，都有哪些功能和意义？

3. 若将海南当地的手工艺品放置在你的卧室里，你会在哪里放置哪些？并说明原因。

第六章
海南黄花梨家具的
陈设意义

家具在使用的功能基础上，又具有造型艺术欣赏的功能。绝大部分的家具除了本身的基本使用功能以外，其造型和布置的方式可以对室内环境带来特定的艺术氛围，具有相当大的观赏价值。有些家具随着时代的发展，专门演变成陈设艺术展品。此时家具的精神功能成了主要的，使用功能已经是次要的，它们成为身份、文化素养精神面貌和经济实力的象征。由此可见家具可不列入陈设的分类，但具有陈设的重要意义。在室内环境设计之中，艺术氛围的营造是由室内空间界面和家具及陈设布置来共同完成的。

第一节 ┊ 海南黄花梨的前世今生

海南黄花梨，按当代植物分类学的类别，中文学名降香黄檀，豆科蝶形亚科黄檀属，是蝶形花科乔木。因此在海南民间都说"黄花梨的花开得朴实，像是庄稼地里一爆一嘟嘟的油菜花似的，果实像农村菜园篱笆上的峨眉豆荚，有眉有眼！"黄花梨是黄檀属一类的树种中材质最好的木种，所以民间将黄花梨称为"香枝木"，其他的黄檀属树种列入"酸枝木"，即现在家具店里的"红木"。

根据历史记载，海南黄花梨从唐朝开始作为贡品，在明代时期就已经被广泛用来制作家具，而明代家具是中国家具艺术的顶峰，这与海南黄花梨是密不可分的。由于木料稀缺，皇家十分珍视，海南黄花梨在明清两朝钦定为皇宫御用木材。

海南黄花梨木质内部能不断地分泌出特有的油膜，防虫蛀、防干裂；还会释放出一种对人体有益的香气，在室内放置海南花梨木的家具，其气息跟人身体的呼吸，相互呼应着而缓慢地生长。

花梨木多形成于深山老林的陡峭岩石之上，采伐极为艰难。清代无名氏绘制了《琼州海黎图》《琼黎一览图》《琼黎风俗图》等三册图文，讲述了采伐及运黄花梨的艰辛。

《琼黎一览图》有运木图一幅（图6-1），展现出奔流于山谷峭壁的山涧运木的情状，其解说词云："楠木，花梨之可以备采者，必产深峒陡峭岩石之上，瘴毒极恶之乡。外人即艰于攀附，又易至伤生，不得不取资于黎人也。黎人每伐一

图6-1　清代《琼黎一览图》

图6-2　清代《琼州海黎图》

株，必经月而成材，合众力推放至山下涧中，候洪雨流急，始编竹木为筏，缚载于上，以一人乘筏，随流而下。至溪流陡绝之处，则纵身下水，浮水前去；木因水势冲下，声如山崩。及水势稍缓，复乘出黎地，此水虽同归于海，而所归之海，又非出口之地，于是合众力扛曳抵岸，始得以牛力挽运抵出海之地焉。常有水急势重，人在水中为木所冲而毙，木亦随深没者。亦有木随水下，找曳不及，随水出海付之洪涛者，运木固未易易也。"《琼州海黎图》的画面人物更多（图6-2），其解说词云："花梨，产巉岩石密峒间，斩伐经月成材，则合众力扛抬下山，乘溪流急处，以柏木编筏载出，至平岸，始得以牛力车运。采办盖不易云。"《琼黎风俗图》附诗云："楠木花梨出海南，黎人水

运熟能谙。明堂榱栋神灵拥，陡涧惊涛服役甘。"去深山峭壁采集花梨，靠溪水急流运输，遇难死亡者无数，采花梨之举，实属不易（图6-3）。

今日，由于时代飞速发展，信息迅

图6-3　清代《琼黎风俗图》

速增多，人们开始重新重视黄花梨。人们起初不懂得尊重自然规律，在利益面前，海南黄花梨的生长环境遭到了巨大的破坏。由于海南黄花梨的数量越来越少，变得十分珍贵，而后国家严令禁止砍伐野生黄花梨，并提供优质树站，黄花梨终于重现生机。

无论是越南花梨、缅甸花梨、老挝花梨、柬埔寨花梨、非洲花梨，还是亚花梨、草花梨等，这些所谓的"黄花梨"其实都不是我们传统意义中的黄花梨。在众多目前的花梨品种之中经过对比，只有海南黄花梨（也就是降香黄檀）才可称为极品。

2011年海南省博物馆举办了国宝花梨木珍品展，每一件展品都有各自独特优美的格调、瑰丽优雅的美感，参观者为之陶醉不已。而今这些展品，已成天价艺术品，令人望洋兴叹了。

第二节 ┊ 海南黄花梨家具的功能

一、海南黄花梨家具的使用功能

海南黄花梨的生长周期漫长，成材极其不容易，具有材质密度大，含油量丰富，韧性好、坚固耐用、抗日晒雨淋、耐腐朽、抗白蚁等特性，是制作家具的顶级木料。因此从明清时期开始，海南黄花梨成为非常重要的皇家用材。海南黄花梨色泽柔和，花纹美丽，气味清香，深颜色和浅颜色容易调配，制作出的家具有浅黄、深黄、深褐色等。另外，海南黄花梨还具有软硬轻重适中、不易变形等优点，也可以用来镶嵌，特别适宜制作榫卯。海南黄花梨优点颇多，也因此被大量的使用。

接下来，我们分别从卧具、坐具、起居用具、屏蔽用具、存储用具和悬挂承托用具六个方面介绍海南黄花黎家具的使用功能。

（一）卧具

卧具是室内必不可少的家具，位置一般不会变动，卧具的主要功能是供人睡觉、休息，卧具家具则主要指床和榻。床一般较为宽敞，而且比较长。榻是一种仅有床围而无床架且较窄的坐卧具。床和榻的产生和发展没有先后之分，只不过随着时代的发展，叫法、形制不同罢了。榻类家具主要有罗汉榻、贵妃榻。床一般指睡眠用的卧具，常见的床类家具有拔步床、架子床、罗汉床等（图6-4～图6-7）。

图6-4　黄花梨贵妃榻

图6-5　黄花梨六柱架子龙床

图6-6　黄花梨双月洞架子床

图6-7　拔步床

（二）坐具

椅子是有靠背的坐具，其样式、大小差别很大，造型成熟的椅子形象在唐代的绘画作品中已能看到。椅类家具常见的有交椅、圈椅、靠背椅、官帽椅、玫瑰椅、扶手椅、太师椅、宝椅和宝座等，其用料考究，制作精湛，融实用与装饰于一体。

凳在最开始只是一种蹬具，专门用来脚踏的，这与我们现在用来坐的凳子是有一定区别的，后来逐渐演变成了坐具。凳是一种没有靠背和扶手的坐具，在形制上椅比凳小，实用性强而且无装饰性。从明清时期起，凳子的样式变得丰富多彩，有方凳、条凳、圆凳、梅花凳等。凳子制作简单、用途广泛，古代遗留下来的凳子数量较多（图6-8～图6-11）。

图6-8　黄花梨大理石四出头官帽椅

图6-9　黄花梨鼓凳

图6-10　黄花梨透雕如意纹开光圈椅

图6-11　黄花梨西番莲纹交椅

（三）桌案几类家具

桌案几类家具用途最为广泛也最为常见，是古典家具中最重要的组成部分之一。案桌和几之间有一些差别。桌子有方有圆，有高有矮，桌的四足在桌面四角，具体可分为长桌、方桌、炕桌、书桌、琴桌等。案和桌的最大区别是案的四足不在四角，而是向里缩进一点。根据案的造型方式的不同可将其分为平头案和翘头案，腿足也有区别，有的带托泥，有的无托泥；腿足间有的有镶板，有的没有。具体可将案分为炕案、条案、画案等。几是一种比较古老的家具样式，和桌子的造型较为相似，比桌子更加小巧，具体可分为茶几、花几、香几等（图6-12～图6-14）。

图6-12　黄花梨雕龙纹翘头案

图6-13　黄花梨有屉炕几

图6-14　黄花梨六棱花几

（四）屏类用具

屏风是古代在建筑物内部挡风用的一种陈设品。屏风历史非常悠久，一般被放置在厅堂内的显著位置，主要功能是挡风、分隔、美化、屏蔽视线等。屏风与其他古典家具相互配合，相互辉映，浑然一体，成为家居装饰中不可分割的一部分，呈现出一种祥和、宁静之美。曾经，屏风是天子的专用器具，代表了权力与地位，历经时代的变化，屏风逐渐发展为较为普遍的家具，并且能很好地点缀环境和美化空间，因此流传至今，还衍生了多种不同的形式。目前常见的屏风形式有折屏、座屏、挂屏、桌屏等，其中大型屏风颇有气势，最适合放在客厅、大厅、会议室、办公室等地。它可以根据需要自由摆放移动，配合室内的环境。以往屏风主要起到分隔空间的作用，后来更倾向装饰作用。屏风既有实用性，又具观赏性，是极具民族传统特色的古典家具之一（图6-15～图6-17）。

（五）存储用具

橱柜类家具的主要用于存储物品。橱，整体看起来与案相仿，有案形和桌形两种。最初的橱形制较矮，后来逐渐升高，发展至明清，橱的式样已是多姿多彩，有书橱、衣橱和闷户橱等。柜和橱都可以储存物品，但它们又有很多区别。橱和柜，都是正面开门，内中装屉板，可以

图 6-16　黄花梨嵌八宝插屏

图 6-17　黄花梨仕女图插屏

存放很多物品。柜门上有铜饰件，可以上锁。柜的形体较大，有两扇对开门，门内有横隔板，式样很多，有圆角柜、方角柜、两件柜、四件柜、亮格柜等。

箱匣的形体一般不大，方便移动，是外出郊游、出门办事携带衣物必不可少的用具。由于南方气候潮湿虫类较多，箱匣能有效地防虫。目前箱子的种类不断增加，大的有衣箱、药箱，小的有官皮箱、百宝箱，应有尽有。还有各种各样的装饰手法，剔红、嵌螺钿或描金等，名目繁多。根据箱匣所储藏的物品种类的不同，我们可将其分为存放衣物的衣箱、保存

图 6-15　黄花梨浮雕花卉屏风

珠宝首饰或古玩把件的百宝箱、内藏多层抽屉的药箱及盛放东西的提盒等（图6-18 ~ 图6-21）。

图 6-18 黄花梨百宝嵌顶竖柜

图 6-19 黄花梨木浮雕夔龙纹官皮箱

图 6-20 黄花梨嵌百宝小提盒

图 6-21 黄花梨嵌宝盒

（六）悬挂承托用具

台架类家具一般都固定在室内，是指日常生活中用来挂放或承托日常生活所必需的物品和容器。主要包括衣帽架、博古架、盆架、灯架、灯台、镜台和梳妆台等。

镜台就是现在的梳妆台，在清代中期广泛使用。镜台小巧玲珑且造型精美，一般放在桌案上使用。镜台面下有很多小抽屉，面上装围子，大部分的还会在台面后部装一组小屏风，屏前有活动支架，能够挂镜使用。衣架就是由支架和横杆组成的用于悬挂衣服或帽子的架子。主要是寝室内使用，外间很少见到，大多放置在卧室床榻附近或进门的一侧。衣帽架若与其他家具陈设在风格上相一致，室内会更具美感。盆架的特征是多足且可以承托盆类容器。按照盆架承托的盆器不同可将其分为盆景架、火盆架、面盆架等（图6-22 ~ 图6-26）。

图 6-22 黄花梨雕花草博古纹多宝格

图 6-23 黄花梨十字栏杆架格

图 6-24 黄花梨五屏式镜台

图 6-25 黄花梨镜台

图 6-26 黄花梨衣帽架

二、海南黄花梨家具的精神功能

（一）陶冶人们的审美情趣

人们选择家具，而家具艺术造型感染着人们。俗话说"爱美之心，人皆有之"。人类在创造物质文明的同时也注重精神文明的创造。将物制作成器具来使用，在实用的基础上，对器物造型的进一步提炼、改进，形成批量的、流行的、大众喜爱的用品。

家具经过设计师的设计、工匠的精心制作，方成为实用的工艺品，它的艺术造型会带有流传至今的各种艺术流派及风格。大多数人根据自己的审美观点和爱好来挑选家具，人们在较长时间与一定风格的造型艺术接触下，受到感染和熏陶后会出现品物修养，"越看越爱看，越看越觉得美"的情感油然而生。另外在社会生活中，人们还有接受他人经验、信息媒介和随波逐流的消费心理，间接地产生艺术感染的渠道，出现先跟风购买，后受陶冶而提高艺术修养的过程。

（二）营造环境的文化气氛

由于家具的艺术造型及风格带有强烈的地方性和民族性，因此在室内设计中，人们常常利用家具的这一特性来加强设计民族传统文化的表现及特定环境氛围的营造。

在一些大型的公共建筑中，由于现代使用功能的要求，不可能将建筑本身的各个界面做多样的装饰处理，体现地方性及民族性的任务就往往由家具来承担，如北京首都机场贵宾候机厅内，由于建筑功能的现代性，空间四周界面处理简洁淡雅，在每一组沙发休息区内，安置了一对中国传统的明式圈椅和茶几，使整个室内环境活跃起来，在挺拔的几何体沙发形体中出现了曲线空透的红木家具，既形成了强烈对比氛围，又点明建筑所在的地域及所具的民族文化特征。特别是在一些大型的宾馆中，宾客来自五洲四海，因此宾馆中要有适于不同宾客使用的厅堂或客房，这就需要设计师运用具有强烈地方特征或民族传统特色的家具来共同营造氛围（图6-27）。

在居室内，则根据主人的爱好及文

图6-27　客厅陈设

化修养来选用各具特色的家具以获得现代的、古典的或充满自然情调的环境氛围。

三、海南黄花梨家具的陈设

家具不仅实用还能创造情调或文化氛围，供人欣赏、享受，这种功能主要靠陈设来实现。家具的陈设，首先要与房间的使用方式相对应，其次要体现多件家具的合理使用，家具的陈设也会影响室内空间的特色与格局。科学合理的家具陈设与格局，不仅能带来舒适方便的生活环境，而

且让人赏心悦目，精神愉悦。家具的陈设方式多种多样，现代室内家具根据陈设区域分类可分为客厅家具、餐厅家具、书房家具、卧室家具以及玄关家具等类型。

（一）客厅

客厅既是家庭生活的主要娱乐场所，是全家人围坐在一起，谈天说地、看电视、听音乐，其乐融融的地方，也是主人款待亲友、会见客人的场所。客厅不仅具有实用功能，其陈设和装饰营造出的氛围，还能显示出主人的学识、品位、气质和修养。

家具是客厅中的主体，既是客厅功能的载体，又是客厅气氛、品位的营造者（图6-28、图6-29）。

图6-28　黄花梨客厅桌椅

图6-29　黄花梨搭脑圈椅三件套

（二）餐厅

"民以食为天"，餐饮的重要性不言而喻，餐厅的使用率自然也很高。狭义的餐厅，指家中的一个独立的空间，

或在厨房设置一套桌椅，用于烹饪、进餐的场所。广义的餐厅，指在一定的场所，公开对大众提供食品、饮料等餐饮服务的场所。

经济实用、功能完善、清洁方便的餐厅，能使人在用餐中觉得惬意舒适，这也是餐厅经营者和家庭成员共同追求的效果（图6-30、图6-31）。

图6-30　餐厅陈设

图6-31　黄花梨雕花半圆桌加鼓凳

（三）书房

"三间正房"是中国传统住宅形式。一般指客厅、卧室、书房，是"社会、自身、文化"的基本解释。广义的书房，包括办公室、家庭办公区、藏书室等，是读书、会客、处理公务的场所。狭义的书

房，是指在家居中辟出一间独立或半独立的厅室，用于学习、阅读、娱乐的场所。

尽管现代书房在内涵上有了更多的扩展和延伸，但是拥有一个静心、雅致的读书和处理工作之处，仍是必要的需求（图6-32、图6-33）。

（四）卧室

人的一生中睡眠占三分之一的时间，

图6-32　书房陈设

图6-33　黄花梨太极博古架

这个时间几乎都在卧室度过。卧室是供人们休息、睡眠的地方，有些卧室也兼具学习、梳妆和进行家务活动等功能。

卧室，不仅仅提供给我们舒适的睡眠，更是我们进行思考和抚慰心灵的地方。卧室的环境会直接关系到一个人的休息和睡眠的质量，因此卧室陈设在家

居设计中是非常重要的（图 6-34 ~ 图 6-36）。

图 6-34　卧室陈设

图 6-35　黄花梨梅花架子床

图 6-36　黄花梨梳妆台一套

（五）玄关

据《辞海》解释，玄关指佛教所说的入道之法门，佛经云："玄关大启，正眼流通"。后逐渐演变，泛指厅堂的外门，现在的玄关指居室入口的一个区域。

传统民宅中门常见的影壁，就是现代家居中玄关的前身。中国传统文化重礼仪，讲究含蓄内敛，体现在住宅文化上，就是通过玄关的设计使人不能直接看到室内的陈设、活动，形成了一个过渡空间，既给主人一种领域感，又起到为来客指引方向的作用（图 6-37、图 6-38）。

图 6-37　玄关陈设

图 6-38　黄花梨半边台

第三节　　海南黄花梨家具的美学价值

一、天然质朴的自然美感

黄花梨木在明代已经广泛应用于较为考究的家具制作，黄花梨木质坚硬致密，纹理自然清晰且富于变化，木色从浅黄色到紫赤色，色泽清新、淡雅，木材久置会散发出淡淡的香气。

明代黄花梨家具给人雅致、简洁的感觉，在制作上，工匠一般采用光素首发，即不加雕饰，或略作修饰，利用和发挥木材本身的特点，突出黄花梨木纹理、色泽的自然美。黄花梨家具的表面一般不刮腻子、不上漆，做成的家具或小型器件经过细致的打磨上蜡，发出清亮、圆润的光泽，追求"干磨硬亮"的天然效果，给人自然而华贵的美感。

但明式黄花梨家具的制作，并非全部不加修饰，也运用雕、镂、嵌、描等多种多样的装饰手法，以及珐琅、螺甸、竹、牙、玉石等装饰用材。但是，在使用上不贪多、不堆砌、不刻意雕琢，而是根据整体要求，适当的在局部进行装饰。

二、含蓄内敛的君子风范

黄花梨木具有温润如玉的气质、行云流水般的纹理、温和内敛的色泽、淡雅的香气，不重外在的雕琢与装饰，而讲究内涵的自然表露，在展示华贵的同时，又透露着高洁的品行。

明末清初是黄花梨家具制作的鼎盛时期，存世量大，品种也多。如以苏式黄花梨为代表的苏式家具，当时居住在苏州的文人纷纷参与造园艺术和家具的设计制作，与民间的能工巧匠一起钻研，总结黄花梨的木质、纹理、色泽等特性，将审美与工艺相结合，形成了明代家具雅致的风格。

三、比例合适的简练造型

家具造型的基础是拥有严格的比例关系。明式家具大多都非常符合人体工程学要求，造型以及各部比例尺寸基本与人体各部位的结构特征相适应，使用起来十分舒适。其各个部件的线条，均呈挺拔秀丽之势。刚柔相济，线条挺而不僵；柔而不弱，简练、质朴、典雅、大方。

总体结构上采用具有科学性、装饰性、工艺性的榫卯结构进行连接，框架结构十分严谨，没有多余的部件，整体轮廓简练、舒展，给人质朴、文雅之感。

结构部件方面，综合运用束腰、托泥、马蹄、牙板、矮老、罗锅枨、霸王枨、三弯腿等结构部件，形成了黄花梨家具的造型特色。

造型方面，追求线脚与块面相结合，线脚造型的装饰早在宋代就已经出现，但真正将其发挥到极致的是明代家具制作工艺。明代家具具有简洁、干练的装饰风格，外观清新纯朴、稳重大方。

四、超凡脱俗的木质油性

黄花梨的木性非常稳定，内应力小，俗称"性小"，即遇湿遇干，遇冷遇热，抽胀不大，变形率低。在制作当中，如家具结构部件中的三弯腿，细而弯，十分精巧纤细，这在除了紫檀家具外的硬木家具中是不多见的。

由于黄花梨具有很稳定的木性，能承受细致入微的雕刻，工匠在进行木材加工时，在刨刃很薄的情况下，黄花梨木可以出现类似弹簧一样的长长的刨花。

用黄花梨木制成的家具在没有外力破坏的情况下，极少出现干裂现象，这也是在明式案、几中常用整块素面木材的原因。

思考与实训

1. 选择一件你喜欢的室内花梨木家具进行赏析。

2. 设计一套具有海南元素的花梨木室内陈设品，并作简要说明。

3. 假设有一块大致长 30 厘米、宽 20 厘米、高 20 厘米的黄花梨木让你制作一个放在自己卧室的陈设品，你会制作什么？并谈谈其使用功能和陈设意义。

第七章

海南民间建筑的
传承与创新

一、地域性民间建筑的文化传承

①不仅需要好的传承和保护，还要不断地完善和创新。由于不同的地理环境和文化传统，每个地方都有自己独特的建筑风格，成为当地文化的象征和代名词。例如，西北的窑洞、内蒙古的蒙古包、东北的炕头、海南的船形屋等，都是劳动人民在生活中汲取经验而逐渐建造出来的，正是由于地域居住建筑风格的多样性，建筑领域能够拥有更多鲜明的素材，使人们能够根据建筑风格快速判断地域特征。建筑不仅是时代的一面镜子，也是记录历史发展的形象。透过文化，我们可以对过去的历史进行有效的思索，从而为现代城市建设提供更有价值的参考信息。作为一种地域性的居住建筑文化，我们不仅要更好地继承和保护，还要不断地完善和创新，以保证地域性的居住建筑文化能够在完善的道路上实现自身的更好发展。

②借助传统建筑文化符号表达对当代建筑文化的理解。我们必须看到传统建筑文化的精神和技艺，在全面理解传统建筑文化的基础上，结合当代建筑设计进行创新，实现对当地传统建筑文化的继承和延续，丰富当代建筑设计市场。在当代建筑设计中，应注重海南传统建筑文化精神内涵的体现，借助传统建筑文化中丰富的精神符号表达对当代建筑和建筑文化的理解。在继承中国传统建筑文化的基础上，当代建筑设计的创新一方面体现了当代建筑设计所蕴含的传统建筑的一些特征；另一方面，要深入发扬传统建筑文化的技艺，去掉粗陋落后的部分，保留精华的部分，在此基础上，结合当代建筑设计文化，使建筑设计达到最佳效果。

③不仅要建设可持续发展的社会，还要向集约型社会转变。在构建和谐社会的过程中，我们应该更好地整合新的生态理念。我们不仅要建设可持续发展的社会，还要使现在的社会向集约型社会转变。因此，在当前的住宅建设过程中，结合地域文化与历史从本质上说是对其进行传承的最佳途径。借助创新来适应社会的发展，从而在空间上做出科学的调整，保证环境

的适应性，更好地促进其发展。这样，在保护传统文化和地域建筑遗产的同时，也可以使当地的文化特色得到更好的理解和保护，在更加全面、系统的理解的基础上，更好地继承和创新地域居住文化。

传统生态民居作为生态系统和谐共处的一部分，是特定区域生态文化的重要载体，其中生态智慧对现代建筑非常有益，应该加以保护。总结区域民居建设的绿色生态经验，对琼北、琼南新民居的建设具有指导和建设意见。

二、地域性民间文化保护与利用

文化输出无疑是最强的地域名片，传统的住宅建筑因其不可复制性而成为宝贵的资产。在地域居住文化的保护和利用中，城市发展已成为重要的折射。城市需要在综合规划过程中把握平衡好区域功能的作用和价值，以确保不仅区域居住建筑能够实现一致性，而且文化在继承的同时能够得到更好的开发和利用，价值能够得到更好的发挥，本质上这也是更好的保护的体现。

海南是一个多元文化交会的地方，海南岛拥有丰富的地方文化和开放的各族文化。民族传统文化也在海岛的摇篮中汇聚、融合、发展和创新，形成了丰富多彩的海岛民俗文化，可以结合海南当地文化特色和文化景点，建立极具旅游特色的民俗博物馆以及呈现历史文化的展厅等。

本书将具体措施拟呈于下。

①加强民间资源整合。海南传统民居是对文化的继承和发扬。如民俗文化展馆的建设，不仅可以让更多的游客了解悠久的民族历史内涵，还可以体验海南的传统民俗节日，如海南军坡节、"三月三"等，以及海南的传统民俗歌舞、琼剧等民俗文化。

②收集具有代表性的展示项目。由于地形、民族、风俗等特点，民居有着不同的建筑风格。首先，海南北部的火山建筑文化，海南北部火山地貌中的传统村落本身就是一座火山建筑博物馆，这些古村落的建筑、墙壁、石门、道路等都是由火山熔岩建造的；二是茅草建筑文化，海南中部、南部以黎族和苗族为主的传统村落高度分散，他们的建筑材料以茅草为主，民居形式以船形屋和金字屋为主，海南的汉族传统村落大多以传统砖瓦建筑为主。他们的建筑主要以闽南和岭南的居民为原型，它们具有明显的特点，如单庭院、斜屋顶、青砖灰瓦和双层窗户，用砖瓦建造的房子不仅隔热、防晒，而且冬暖夏凉。

③不断完善各项服务功能。只有不断加强资源的开发和完善，才能更好地吸引公众。因此，地域性民间文化的保护与利用要根据不同人群的需求打造服务板块，不断提高服务质量，满足更多客户的需求。

三、地域性民间建筑风格的应用

海南最早的移民大多来自闽南，早期的建筑有着深厚的闽南风格；随后，来自岭南、云贵和东南亚的移民带来了自己的地域文化，琼北建筑逐渐融入岭南风格；同时，大量来自中原的驻军带来了中原文化，使得琼西建筑融入了一些中原建筑元素；近代，大批海南人到南洋谋生，带回了当时受西方殖民主义影响的南洋文化，促使海南建筑融入欧洲风格。多种建筑元素的融合是海南建筑的最大特色。

随着时代的变迁，海南逐渐衍生出以下建筑特征。

①优雅清新的色调。大多数民房都有青灰或浅红砖石脚墙、绿灰筒白泥瓦屋顶、黑色或深色的桁条、椽条、门窗、窗框以及白泥方砖墁地，传统民居相互靠近，布局紧凑，楼层高度较低。

②细腻通透的意境。镂空的花罩、挂落，通透的门、窗、横批、栏杆以及虚实相间的布局，营造出一种玲珑通透的意境。

③精雕细刻的风格。与北方的豪放不同，福建和广东、海南的建筑更加精致细腻。墙面多采用彩塑、灰塑、砖雕装饰，梁架、隔扇多采用木雕。

目前，海南建筑风格各异、文化多元，布局、结构、造型各异，尚未形成海南独特的建筑文化特色。

四、地域性民间建筑要素的转译

（一）屋顶的转译

屋顶是海南传统地域建筑的特色，特别是黎族传统民居的船形屋顶，是最具海南地域特征的符号，同时还有汉族传统民居的双坡屋顶和南洋风格屋顶。

由于传统屋顶的技术性、坚固性、耐久性和通用性较差，我们需要在当代海南传统地域建筑的创作中继承和发展，因此我们应该学会转译海南传统屋顶，从海南传统地域建筑中挖掘、提炼具有海南地域特色的元素，进行当代转译。海南传统地域建筑的传承不是对原有传统建筑的模仿和再现，而是根据当代经济技术水平和人们生产生活的需要进行当代转译，赋予地域建筑新的活力。例如，三亚百越民族村的现代建筑是海南传统建筑的转译，采用了现代钢筋混凝土材料和现代建筑营造技术，使其建筑不仅具有现代气息又不失了海南的地域特色（图7-1）。

图7-1　三亚百越民族村

（二）廊道的转译

在继承海南传统地域建筑的同时，应进行廊道的当代转译，充分发挥廊道的固有特征。同时，应结合时代设置适合当代人需求的走廊空间，换言之，除了遮阳避雨的基本功能外，还应巧妙地利用廊道对建筑空间进行组合和划分；同时，廊道不仅仅是简单意义上的过渡性"灰色空间"，更是一个沟通和景观节点空间，可以促进室内外空间的融合，大大加强室外景观向室内的延伸，提升人们的景观视觉，使人们更好地融入户外景观；廊道还具有增加空间的功能，可以丰富立面造型和阴影效果。因此，在海南传统地域建筑的传承中，要对廊道空间进行理解与再创造，使一个模糊空间转移为适合人们交流的弹性空间（图7-2）。

（三）基础的转译

海南传统区域建筑的基础能增加建筑物的稳定性和耐久性，还具有美化外墙立面效果。对当代海南传统地域建筑的转译必须进行抽象化处理，才能赋予当代建筑新的意义和活力。

抽象处理方法在建筑创作和艺术创作中得到了很好的应用，即所谓的"抽象派"，它主要强调对物体主要特征进行抽象处理，而忽略繁琐的细节结构的影响。抽象处理对海南传统地域建筑的传承具有可靠的借鉴意义。例如，当我们继承海南的传统地域建筑时，我们不能照搬，我们应该进行当代抽象处理——在砖砌体的基础上，由于砌筑方法的不同，在进行抽象处理时，要对其砌筑纹理进行抽象化；在石材基础上，从石材结构中提取出具有石材特征的石砌缝隙形状，以丰富和装饰建筑立面。

图7-2　酒店廊道

第二节 ┊ 海南民间建筑与陈设的传承实践

一、海南民居建筑特征的传承实践

现如今，由于经济迅速发展，传统建筑受到外来建筑文化的影响，海南民间建筑也已经失去了它原有的地域特色，对地域的问题考虑得越来越少，标准化、现代化、快速便捷的现象造成了现代建筑的雷同现象。海南现代建筑设计也应需要顺应时代的潮流，从传统建筑元素上汲取优点，进而推动现代建筑的进一步发展。

在中国悠久的建筑历史文化里，海南传统建筑是不可分割的一部分，海南独特的人文、自然环境以及历代人的生存抉择都是形成海南传统建筑地域固有特征的重要因素，传承海南传统建筑，对当代建筑创作有重要借鉴意义。

（一）对整体布局特征的传承

在海南传统建筑的整体布局上，在选址时综合考虑气候、周围地理环境等因素，是整体布局观的一个体现。例如在选址阶段，居住环境在海南人眼里应是山环水抱的阴阳平衡综合体，因此，选择近水而居，背山向阳，有利于组织聚落采光。这种选择一方面是出于传统风水的考虑，另一方面则是为方便生产、生活。

在如今的建筑创作设计中，应该坚持"以人为本"的设计理念，真正关注人的心理需求。设计师应对市场经济的同时也应该关注使用者自身需求，让建筑真正成为人所需要的生活场所空间，并加以利用原有地形地貌，设计出尊重当地生态自然环境和人文环境的作品，让建筑融入自然，保护生态环境，这样才能让居住者和自然亲密接触，在生活中享受到舒适和愉悦。

（二）对空间布局特征的传承

在海南，建筑布局并没有严格依循坐北朝南原则，而是将布局形态结合当地地形、山林、河流、田地、景观等因素进行综合平衡，形成较为自由的布局形式，同时借鉴了整体布局的手法，解决聚落建筑的通风、日照及滨水视野等景观问题。

在建筑营造时依据当地生态环境建造，减少了对周围环境植被的破坏，减少了建造土方填挖及基础的工程量，降低了营造成本。这些做法更加体现了海南人对自然的敬畏，对生态、生活、生产和自然要素的尊重。

中国传统建筑注重中轴线对称，园林建筑中又追求与景物的融合，而海南传统建筑聚落村庄的布局则遵循前低后高、沿轴线布局成前疏后密的特有形式。当代海南特色建筑也应融入自然环境，考虑视觉景观如海水、沙滩、林地、远山等的连续性，并优化建筑的视线空间，使其与自然衔接顺畅、视线开阔。

（三）对建筑要素特征的传承

海南传统建筑的要素特征应得到充分传承，在当代建筑设计中，对包括屋顶、廊道、门窗等的诠释不应只是单纯的模仿，而要利用现代建筑的新技术和新工艺进行转译与创造，从而符合海南地域建筑实用的表现形式。

从建筑文化的角度来看，海南地域属热带建筑风格，建筑风格吸纳当地气候特点，融入浪漫、休闲以及具有度假情趣海景空间，用建筑的视觉效果和灵动情感感染居住者，在休闲住宿中获得舒适、恬静的体验。

海南其独特的滨海气候对建筑有着深刻的影响。因此，檐廊和骑楼成为遮阳避雨的选择。而修建交通走廊则是交通系统应对湿热多雨气候特点的重要策略。堂厅是重要的建筑空间，是人视觉空间转换的重要场所，是整个建筑空间视觉和走廊联结的重要节点。由于海南处于热带地区，属于热带季风气候，常年日照充足、气温较高，因此通风是海南建筑必须考虑的问题。良好的自然通风，能改善大堂的湿热环境，特别是穿堂风显得尤为重要。海南

传统民间建筑还具有防湿、防瘴、防雨等作用。

（四）对建筑材料与色彩特征的传承

海南传统建筑在建筑材料的选择与使用上遵循自然生态观念。建造材料选择当地自然石材、木材、竹材，将黏土和茅草竹木制作成青砖或夯土墙，还有原木色的栏杆和各种木构件。这种选材观，一方面节约了资源、降低了能耗，另一方面完好地保持了原真原生建筑地域性特色。

当代建筑的创作可以借鉴海南传统建筑就地取材的选材观，通过传统材料（主要是黏土、木材、石材的使用）辅以地域装饰石雕、木雕、灰塑等，运用现代建筑工艺和技术重新设计建筑的地域性格。海南传统建筑的建筑材料尤其是拆楼重建的废弃墙土旧料都可以重复使用，用生态循环的手段再现地域材料的经济性和生命力，体现了海南对天然材料地域性格的尊重。注重生态环境保护，注重材料的再生和循环利用，利用可再生利用的建筑材料，也是节能降耗、倡导绿色生态建筑之路的必然措施。如分界洲岛海钓会所为增添建筑生机，外墙面装饰材料采用了浅色的大颗粒喷涂，以白色沙滩的颜色为基调，增强对太阳光的反射，降低辐射热，效果实在，丰富的光影融入周围绿色天然景观之中。坡屋顶蓝色，外墙白色，园林绿色和大海蓝色使建筑"消失"在绿色之中，海水、沙滩、林地、远山和建筑自然融合（图7-3）。

图 7-3　分界洲岛海钓会所

（五）对建筑细节特征的传承

建筑细节是历代海南人民在建筑技术上的艺术总结和智慧结晶，也体现了海南先民传统的审美原则和对美好生活的不孜追求，建筑细部植根于本土文化，吸取了外来文化尤其是东南亚的优秀文化和技术。

在海南传统当代建筑创作中，要充分挖掘其地域建筑传统的细节特征和文化内涵，运用科学的技术、方法和自然生态文化的观念，做到当代建筑的转译与传承，弘扬传统建筑细节承载的文化风习、艺术生活和生态技术。

现在建筑的一些细节可以利用海南传统的建筑文化元素，并在建筑立面充分对符号语汇进行演绎，使建筑与传统文化自然地融为一体，达到丰富建筑景观面视觉效果的目的。细节重复恰当的使用还可增强韵律与节奏，丰富而不觉繁琐。

二、海南传统建筑传承所面临的挑战

海南拥有着无与伦比的自然生态环境、原始原生的乡村聚落、原生原真的乡土建筑。在如此淳朴的地域文化中，能够让人直观地感知历史建筑，延续地域的历史人文、自然环境和地理特征。

然而面对外来建筑文化带来的新的机遇，怎样能够更深一个层次地理解海南传统建筑的性质和文化价值？这个问题海南传统建筑的历史传承尤为重要。现如今，海南现代建筑在传承传统建筑的文化基础上，主要面临着以下三个挑战：

（一）建筑地域特色的严重缺失，缺乏个性

随着海南自由贸易港的快速建设，海南的建筑文化也正在融入"全球化"发展，海南特有的地域性特征逐渐为现代标准化所同化，在城市迅速建设更新过程中，忽视了建筑的地域性特色，具有海南特色的建筑严重缺失。建筑作为不同时代和不同地域文化的载体，其包含的文化、审美与艺术价值都有其所在地域环境中的生命力。但如今，很多建筑从外立面装饰纹样到房屋内部布局都是一种模式。整个规划中只强调建筑整体色调和纹饰的统一性。因此要做到因地制宜，既符合传统文化生活，又具有新的时代特征，才能够传承和延续传统建筑的文化。

（二）建筑文化之志的简单堆砌，丧失味道

现如今，建筑产业的发展更新创作只是简单将原有的传统建筑方式运用到现代建筑中，并没有深入地对传统建筑的精神内涵进行理解和研究，直接生搬硬套的建筑形式既不够现代化也丧失了传统的味道，导致建筑形式不伦不类，最终效果适得其反。

海南没有产生好的本土文化建筑，不是我们的文化不够丰富，也不是传统建筑不够特色，而是归于浮躁激进的思想，或者是建筑师们没有深入去了解当地的生活。"拿来主义"设计生产出来没有地域内涵的建筑，自然就没有海南的艺术基因和文化内涵。这种把海南文化之志被简单地机械地重复、堆砌的现象在一些县市、

乡镇的街道"美化"工程项目中都存在。

（三）建筑传统风格的无效传承，渐失特质

21世纪以来，随着房地产行业的兴起，海南的建筑设计迎来了新一轮高潮，越来越多的国际式建筑出现在海南的土地上，西方多元的建筑文化汹涌而来，传统的建筑风格受到强烈冲击。而自2007年海南实施旧城改造以来，许多地方的传统建筑被拆除，在这一段时间内，海南各个地方都在建设具有西方多元风格的建筑，这样没有与地域和历史相结合的创作，在很大程度上破坏了海南传统建筑的历史风貌，整个城市也渐渐失去了本土文化的特质。

在现代建筑的创作中，人们经常会有一个认知的误区，就是为了将传统建筑的文化体现出来，而直接将传统建筑中的元素完整的搬运应用到现代建筑中，这样的做法并不是一个有效的继承传统建筑文化的方法。

随着生活水平的提高，人们的物质与生活需求层次提升，审美需求也在改变，建筑的设计需要在更新完善使用功能的同时，对地域文化作详尽和仔细的研究，以此满足现代人对文化审美、文化品位的心理需求和建筑的功能现代化。

三、海南民间建筑与陈设的创新展望

（一）复兴海南传统民间建筑，助力乡村振兴

一个自信、不忘本的民族，应该尽可能维护自己的历史文化。在当前海南城镇

化建设的进程中，传统民间建筑总体上是缺失的，但同时也有不少人士呼吁复兴民间建筑。那么，海南传统民间建筑能否在当代社会得到复兴呢？

从二十世纪80年代末开始，海南乡镇兴起了修建砖混结构楼房的潮流。至今，在乡村，这种楼房遍布乡野。前几年，有许多地方已开始了第二波建房潮流，但除了土地使用权审批外，似乎一切都处于无序状态。我们觉得，统一的基本规划一定程度上导致了无序、无品、无格的状态，导致了建设资源的浪费、建筑群体艺术美的缺乏以及建筑民族性和历史感的流失。

海南传统民间建筑作为民族历史文化的集中表达，也应该尽可能得到继承、发展与弘扬。在国家大力弘扬优秀传统文化和建设自由贸易港的政策背景下，我们相信海南传统民间建筑样式可以大型化地满足现代生活的需求，提供足够的室内空间，满足现代社会日常生活所需要的诸多功能需求，其复兴就具有现实可行性。虽然民间建筑强调精雕细琢，故其建造成本经常可能大于现代建筑，但是，这也不足以成为传统民间建筑广泛复兴的严重障碍。传统民间建筑虽然比现代建筑成本高，但它有审美价值、历史感、民族性等精神收益，那么，我们是否值得为这精神收益多支付一定成本呢？我们认为是值得的，也是必要的，因为增加的成本有些虽然可以确切地用货币来衡量，但我们的精神收益却是很难用货币来衡量清楚的，从社会、历史、发展的大体上来说，精神收

益是不菲的、无可估量的，并且是长期的，甚至是永久性的。

一个区域性传统民间建筑被广泛运用，成为当地常用建筑备选样式之一，也是最好、最有效的弘扬传统文化的手段。

（二）坚持海南民间建筑个性，抓住创新机遇

海南岛与我国大陆虽然有琼州海峡的天然阻隔，但由于海南岛上的居民大都是从大陆在不同时期移民而来，他们也带来了原住地的风格习惯和文化特点，特别他们对海南岛热带气候环境逐渐适应，自然会出创造出极具特点的居民建筑，并呈现出多元化的本土原生建筑风格，如汉式传统建筑风格和南洋建筑风格。海南民间建筑的个性，是中华民族建筑史上的宝贵财富，是一种极具艺术活力、极具地域文化的特色，处处体现着中原文化根脉的个性。因此，我们必须坚持海南传统民间建筑的个性风格，抓紧自贸港建设的机遇，凭借现代科学技术和人工创意设计智慧，寻找出海南传统民间建筑的技艺风格和审美意象的内质与个性，创新发展海南传统民间建筑。

（三）处理好海南民间建筑文化与现代建筑设计的融合关系

建筑文化有历史的和现代的，有它完整的发展脉络，怎样把握从过去到现在再到未来的运动、变化和发展，并寻找其中的踪迹和规律，是承前启后、继往开来的关键。在目前注重现代技术、承受西方文化冲击的时代，强调在现代元素中注入中国传统文化元素并使之相融合的建筑理

念，具有鲜明的时代意义。注重建筑文化传承最重要的一点就是处理好地域传统元素和现代科学技术之间的关系。新的理念、新的技术、新的工艺与传统地域建筑文化之间产生一种和谐共生的关系，创造具有时代性和民族性的建筑新风格。

海南省历史文化以黎族文化为特色，以汉族移民文化为主调，是具有多元文化的文化体系，可以运用现代建筑眼光和手段，将传统文化符号转化为现代语言，将海南本土文化整合成一套体系，统筹规划、因地制宜、化繁为简，既能传承本土文化，又能传播文化底蕴，将海南传统民间建筑文化打造成可再生的生态文化。

（四）继承与创新海南传统民间建筑陈设的风格

海南民间建筑的陈设习惯与要求虽然体现出当时礼制宗法的文化理念和人们追求美满幸福的文化特征，但是，随着当代各种现代建筑的兴起，海南建筑室内陈设面临诸多挑战，我们应以海南琼北民居、南洋风格骑楼、崖州合院、军屯民居、船形屋等建筑形态为研究对象，以民族特质、文化底蕴为出发点，以海南自由贸易港建设为契机，从文化、建筑、艺术和社会四位一体的角度，创造性地表达出具有"海南特色"的海南热带民间建筑与陈设的内涵。

首先，并非所有人都适合海南传统风格，它很强调意境或精神意蕴的传达，需要室内设计师和使用者对海南传统文化具有浓厚的兴趣并能够欣赏其内涵。第二，海南传统风格的室内陈设在历史过程中大多使用珍贵的花梨木和红木等打造，现在这些树木树种稀少，生长周期长，成材数量少，因此，使用这些木材制造的家具价格也是非常昂贵的。第三，海南传统风格的室内环境像普遍的中式传统室内布置一样注重对称，而现代建筑由于建筑空间布局对称较少，因此能够采取对称布局的建筑数量甚少，不是所有的房型都适合采用传统对称风格的室内陈设。所以，我们应在陈设造型、材料和配色等方面给予创新（图7-4、图7-5）。

图7-4　客厅陈设创新示例

图7-5　餐厅陈设创新示例

海南民间建筑的室内陈设应在造型上进行创新。可以使用现代表现手法对室内的空间及陈设造型进行简化，去除传统设计中的繁琐之处。家具陈设则以明清家具中一些经典单品为例，将注重功能、造型简洁、结构清晰、比例协调的家具与现代简约风格的陈设进行搭配陈列，形成一种全新的家居韵味。

海南民间建筑的室内陈设应在材料上进行创新。可在新的室内设计中大胆用材，将石材、玻璃、金属、塑料等现代感极强的材料引入室内，或用其打造传统的中式造型（如具有金属质感的圈椅），或直接作为地面、墙面的用材，以质感与风格的强烈对比给人新的视觉冲击。

海南民间建筑的室内陈设应在配色上进行创新。可以沿袭传统陈设的配色规律，在室内营造出不同的视觉效果，根据不同的配色方案从而在色彩共性规律中寻求个性表达，加以实现，更好地提高环境质量。

（五）走出一条"海南特色"的民间建筑与陈设传承之路

在发展的过程中，我们不能只单单融合传统民间建筑元素、建筑符号和建筑要素，还应注重建筑文化的传承。只有深入挖掘海南地域精神内涵和传统民间建筑文化，并结合地域气候、自然环境和人文风俗特征沉淀下来，潜心研究，才能走出一条独具"海南特色"的建筑文化传承发展之路。

当前，我们必须抓住海南自由贸易港开放机遇，紧扣构建国内国际"双循环"新发展格局战略重点，继承与发扬海南传统民间建筑与陈设的风俗文化和技艺，在新的建筑形式下体现海南传统本土文化，深入挖掘海南各类民间建筑形态精髓和陈设文化内涵。这既不是对传统民间建筑形式的机械模仿，也不是某一形式的局部泛滥，而是通过现代设计唤醒大众对海南本土文化的认同感同时满足现代旋律的建筑形式，将传统民间建筑文化符号与现代建筑相融合。这样的建筑既能表现出海南热带建筑特色和多元本土文化，又能突出自贸港建设的高标准定位、全球化视野和国际化要素，提升海南城乡民间建筑与陈设文化的内涵和品位。

思考与实训

1. 提出你对传统民居保护与传承的合理建议。

2. 根据海南民间建筑陈设的创新方法，设计出一间客厅的陈设方案。

3. 用手绘或电脑辅助设计你家乡传统民居建筑的创新方案。

参考文献
REFERENCES

［1］许劭艺．海南民间工艺美术与现代设计［M］．长沙：湖南大学出版社，2020.

［2］许劭艺．海南民间工艺美术概况［M］．长沙：湖南大学出版社，2021.

［3］许劭艺，洪志强，吴晓雯，等．中华经典文化选读［M］．沈阳：东北大学出版社，2018.

［4］许劭艺．海南城乡景观设计［M］．长沙：湖南大学出版社，2021.

［5］孙建君．中国民间美术教程［M］．上海：上海画报出版社，2005.

［6］鸿洋．中国传统色彩图鉴［M］．北京：东方出版社，2010.

［7］王思明，刘馨秋．中国传统村落：记忆、传承与发展研究［M］．北京：中国农业科学技术出版社，2017.

［8］《中国传统建筑解析与传承·海南卷》编委会．中国传统建筑解析与传承·海南卷［M］．北京：中国建筑工业出版社，2019.

［9］高阳．中国传统装饰与现代设计［M］．福州：福建美术出版社，2005.

［10］王峰，魏洁．民间装饰艺术及再设计［M］．北京：中国纺织出版社，2015.

［11］李海娥，熊元斌．黎族文化保护与开发［M］．海口：南方出版社，2018.

［12］王振复．大易之美：周易的美学智慧［M］．北京：北京大学出版社，2006.

［13］杨泓，李力．美源：中国古代艺术之旅［M］．北京：生活·读书·新知三联书店，2008.

［14］香便文．海南纪行［M］．辛世彪，译注．桂林：漓江出版社，2012.

［15］萨维纳．海南岛志［M］．辛世彪，译注．桂林：漓江出版社，2012.

［16］陈耀东．《鲁班经匠家镜》研究：叩开鲁班的大门［M］．北京：中国建筑工业出版社，2009.

［17］朱良文.传统民居价值与传承［M］.北京：中国建筑工业出版社，2011.

［18］王海霞.中外传统民间艺术探源［M］.西安：太白文艺出版社，2005.

［19］梁珣，王章旺，沈婕，等.设计特色与艺术创新研究［M］.北京：中国青年出版社，
2006.

［20］中华人民共和国住房和城乡建设部.中国传统民居类型全集［M］.北京：中国建筑
工业出版社，2014.

［21］孙德明.中国传统文化与当代设计［M］.北京：社会科学文献出版社，2015.

［22］尚刚.中国工艺美术史［M］.香港：香港中和出版有限公司，2016.

［23］李菁，胡介中，林子易，等.广东海南古建筑地图［M］.北京：清华大学出版社，
2015.

［24］陆琦.中国民居建筑丛书：广东民居［M］.北京：中国建筑工业出版社，2010.

［25］陆琦.海南香港澳门古建筑［M］.北京：中国建筑工业出版社，2015.

［26］秦翠翠.中国文化知识读本：黎族［M］.长春：吉林出版集团有限责任公司，2010.

［27］王天津.明珠海南的民俗与旅游［M］.北京：旅游教育出版社，1996.

［28］唐壮鹏.传统民居建筑与装饰［M］.长沙：中南大学出版社，2014.

［29］海南省民族学会.海南苗族传统文化［M］.北京：民族出版社，2021.

［30］王树良.文心匠意：晚明江南文人意趣与居室陈设思想［M］.重庆：重庆大学出版
社，2011.

［31］刘甦.传统民居与地域文化：第十八届中国民居学术会议论文集［M］.北京：中国
水利水电出版社，2010.

［32］阎根齐.海南古代建筑研究，［M］.海口：海南出版社，2008.

［33］阎根齐.海南建筑发展史，［M］.北京：海洋出版社，2019.

［34］王其钧.图解中国民居［M］.北京：中国电力出版社，2008.

［35］黄艳.陈设艺术设计师手册［M］.北京：中国建筑工业出版社，2009.

［36］孙亚峰.室内陈设［M］.北京：中国建筑工业出版社，2005.

［37］林广臻.海南历史建筑［M］.北京：中国建筑工业出版社，2018.

［38］郭谦，李春郁.家具与陈设［M］.北京：中国水利水电出版社，2007.

［39］潘吾华.室内陈设艺术设计［M］.北京：中国建筑工业出版社，2005.

［40］李金云.海南洗庙大观［M］.海口：南方出版社，2015.

［41］海南省建设厅，海南省勘察设计协会.海南民族传统建筑实录［M］.海口：南海出
版公司，1999.

［42］符桂花.清代黎族风俗图［M］.海口：海南出版社，2007.

［43］陈立浩，于苏光.中国黎学大观［M］.海口：海南出版社，2012.

［44］杨卫平，王辉山，王书磊.海南古村古镇解读［M］.海口：海南出版社，2008.

［45］王献军.海南回族的历史与文化［M］.海口：海南出版社，2008.

［46］王学萍.黎族传统文化［M］.北京：新华出版社，2001.

［47］杨定海，肖大威.质朴的生活智慧：海南的传统聚落与建筑空间形态［M］.北京：
中国城市出版社，2017.

［48］胡亚玲.海南黎族风情［M］.海口：海南出版社，2005.

［49］肖奕亮.海南黄花梨［M］.北京：化学工业出版社，2011.

［50］白羽.木中黄金：海南黄花梨收藏与鉴赏［M］.北京：新世界出版社，2014.

［51］陈江.木中皇后：海南黄花梨陈列［M］.海口：南方出版社，2018.

后 记

POSTSCRIPT

海南岛虽然隔着琼州海峡与祖国大陆相望，但作为我国热带的一片重要疆土，有生存千年的黎族，有大量迁入的汉族及其他的民族，他们理解自然，创造性地适应、改造自然，营造自己理想的家园；他们相互交流，探索和谐共处的生活方式，构筑稳固的社会组织结构和空间结构，这一切最终都凝结在传统聚落与建筑空间形态中而延续下来。

海南岛地处热带北缘，属热带季风气候，素来有"天然温室"之称，这里长夏无冬，气候宜人，黎村苗寨、院落民居和骑楼建筑等已成为海南的地域文化标志。如今，海南建设自由贸易港，聚焦发展旅游业、现代服务业、高新技术产业和热带特色高效农业；集聚全球创新要素，深化对内对外开放，建设海南国际设计岛、理工农医类国际教育创新岛、区域性国际会展中心和国家对外文化贸易基地。海南得天独厚的自然资源与人文条件，很适合文化旅游产业融合发展。发展文旅产业离不开文化创意产业，特别是要形成独具一格的区域文化品牌，以提升国际竞争力。因此，更需要进行海南民间工艺美术与现代设计的融合与发展。海南经贸职业技术学院人文艺术学院面对困难、敢于担当，率先实施"海南民间工艺美术传承与创新工程"项目计划，努力构建"新时代艺术设计课程育训体系"。这样，我们才能够将传统的工艺与现代的设计进行深入交互，才能够在激烈的国际竞争中使得海南文化立稳脚跟。

本书作为"海南民间工艺美术传承与创新丛书"之一，立足海南民间传统建筑与陈设的地域特征与风格分析，从海南全域民居建筑和民俗文化建筑遗存中提取出具有海南传统建筑地域特色的建筑元素，顺应自然、尊重自然，在进行地域文化认同的同时，加强地域文化的研究和识别，在建筑形式、功能与装饰，以及地域建筑文化积淀与传承方面为传承海南传统建筑文化提出切实可行的创造性转化方法，并介绍海南现代建筑的创新设计手法以及传统建筑元素的应用，提出对海南传统建筑进行保护与传承，也是通过对海南传统建筑的保护激起全社会公众的参与，抢救面临消失的海南传统建筑。对于老祖宗留下来的有着几千年积累的建筑及传统技艺，应有专门的规划、建筑人员对其进行解剖掌握，不能让后来的人中断了物化的传统遗存，对民间工艺美术的艺术和技术传承，要延续海南记忆，充分体现海南文化特色，让世界更加了解海南。

本书编撰过程中，吉家文、马红、张坚、周俊、王彩英、梁晓亮、何启飞、吴晓雯、吴丽敏、云芸、林铭、黄荣、王秋莹等承担了大量的编务工作。同时，对海南劭艺设计工程机构和海南金鸽广告有限公司等企业的帮助，海南省文化艺术职业教学指导委员会的指导，湖南大学出版社的支持，海南经贸职业技术学院给予研究实践的条件，在此一并致谢！

党　生

2022 年 3 月

调研团队于澄迈美榔姐妹塔前合影

调研海口排山村曾氏民居正厅堂

火山石民居外考察调研

编撰团队于海口侯家大院考察调研

编撰团队一行到韩家宅实地考察调研

调研团队与谢氏夫妇在路门前合影

作者一行在张氏宗祠前与张岳崧铜像旁合影

作者一行到东坡书院实地考察调研

调研老家具沙发